Meal Prep

Dem Essen to go
Mit 180 Rezepte
Für Ihre Lunchbox

Das Kochbuch für Ihre
Essenzubereitung
Für Schulkinder, Studenten &
Berufstätige
Einfach gesunde Mahlzeiten vorbereiten
und mitnehmen

ISBN: 9798683658069

Inhaltsverzeichnis

Inhalt

Meal Prep - Was ist das?

„Meal Prep“ steht für Meal Preparation d. h. Mahlzeiten für mehrere Tage, oder auch eine ganze Woche Vorkochen bzw. vorbereiten.
„Meal Prep“ soll Ihnen dabei helfen, Ihren Alltag zu erleichtern, in dem Sie geplant an einem bestimmten Tag der Woche einkaufen gehen. Am nächsten Tag, oder demselben, würde Sie dann aus Ihrem Einkauf, die Mahlzeiten zubereiten oder so vorbereiten, dass Sie an dem jeweiligen Tag weniger machen müssen.
„Meal Prep“ lässt sich auf jede Tageszeit anwenden. Abends können Sie das Frühstück für den nächsten Tag vorbereiten, wie zum Beispiel Over Night Oats. Oder auch direkt für mehrere Tage in dem Sie einfach das Grundrezept nehmen, es ganz simple vorbereiten und dann an dem jeweiligen Tag mit Toppings o. ä. variieren.

„Meal Prep“ ist schon, wenn Sie nur für Ihr Baby mehrere Portionen Brei vorkochen und diese z. B. in Eiswürfelgröße Portionsweise einfrieren. Oder, wenn Sie sich ein Brot für die Arbeit schmieren und mitnehmen. Sie sehen also, eigentlich zieht sich das Vorbereiten von Mahlzeiten durch unseren ganzen Alltag. Wieso dies nicht noch erweitern und nur noch an einem Tag der Woche kochen?
Vielleicht denken Sie jetzt, dass Ihnen dann die Abwechslung fehlen wird, aber lassen Sie sich einfach ein bisschen durch die verschiedenen Rezepte ein bisschen inspirieren. Jedes Rezept ist abwandelbar, einige gut zum Einfrieren und auf jeden Fall halten sich alle mehr als nur einen Tag im Kühlschrank.

Grundlegendes Meal Prep

Im Grunde fängt das Meal Prepen mit der Planung an. Planen Sie einen Essenplan für die ganze Woche, am besten, sodass Sie aus z. B. Beilagen mehrere Mahlzeiten fertigen können und nur noch eine Komponente frisch dazu kochen. Als Beispiel: Kochen Sie direkt mehr Kartoffeln, diese lassen sich am nächsten Tag gut zu Bratkartoffeln, einem Bauernfrühstück oder auch einem Kartoffel-Gemüseauflauf verarbeiten. Somit sparen sie an den folgenden Tagen direkt 20 Minuten Kochzeit ein.
Da wären wir auch beim nächsten Punkt das Kochen. Sie werden schnell merken was Meal Prep für Vorteile mit sich zieht. Da ist das einmalige kochen nur noch eine Kleinigkeit.

Grundlegendes Meal Prep

Am Anfang wird es noch schwerer sein, so zu kochen, dass Sie wirklich nichts mehr dazu kochen müssen und alles an einem Tag schaffen, vielleicht wollen Sie das ja aber auch gar nicht.
Sie können auch das Gemüse einfach vorschneiden, dass erleichtert Ihnen ein paar Minuten.
Als nächsten wäre da das Abfüllen der gekochten Speisen oder allem anderen was Sie Vorkochen wollen. Hier für brauchen Sie Behältnisse, die Ihnen zu sagen. Das können Gläser, Tupperdosen, Einmachgläser oder auch Schüsseln sein. Mittlerweile gibt es auch richtige Portionsverpackungen fürs Meal Prepen, aber dazu kommen wir später.
Hier noch kurze Tipps wie lange ungefähr Ihre Lebensmittel haltbar sind natürlich spielen Lagerung und Aufbewahrung eine große Rolle.

- Frische Lebensmittel, die Sie nicht gekocht haben, sollten Sie binnen 2 Tagen verzehren.
- Wenn Sie etwas gekocht haben und es Luftdicht und im Kühlschrank stehen haben, sollte es etwa 3 - 4 Tage halten. Holen Sie sich also dann nur die Portionen aus dem Kühlschrank die Sie auch wirklich brauchen, denn wenn die Lebensmittel warm und dann wieder kalt werden, sinkt die Haltbarkeit.
- Schichten Sie Ihre Speisen so, dass die festen Zutaten unten sind und die leichteren Zutaten wie Obst oder Gemüse kommt obendrauf. Das Dressing von Salaten füllen Sie am besten Separat ab, damit der Salat nicht durchweicht.

Vor- und Nachteile von Meal Prep

Hier kurz einmal die Vorteile vom Vorkochen:

- **Sie sparen Zeit.** Auch wenn Sie vielleicht denken, aber dafür stehe ich dann ja einen Tag in der Küche, werden Sie schnell merken, dass Sie dafür aber die anderen Tage diese Zeit freihaben. Sie kommen nachhause, gehen an Ihren Kühlschrank, nehmen sich Ihr essen raus und erwärmen es nur noch. In der Zeit wo das Essen dann schon auf Ihrem Tisch steht, würden Sie sonst wahrscheinlich noch die Zutaten zusammen suchen und vorbereiten.
- **Sie sparen Geld.** Nicht nur, weil Sie genau die Zutaten verarbeiten, die Sie einkaufen, sondern auch weil Sie gezielter nach einem Plan einkaufen. Es bleibt kein Platz mehr für mal eben eine Pizza bestellen, weil man keine Lust hat aufs Kochen. Das Essen wartet ja schon, bereits fertig zu Hause auf Sie.
- **Sie haben einen Plan!** Sie können nicht nur Planen was Sie essen, sondern auch wann Sie essen. Das heißt, auch wenn Sie sagen ich möchte zukünftig 2 mal die Woche zum Sport, dann planen Sie an diesem Tag einfach eine Mahlzeit ein, welche Sie unterwegs essen können.
- **Hungriges einkaufen sollte nicht mehr vorkommen.** Jeder kennt es, nach der Arbeit oder zwischen drin muss man noch die Zutaten fürs Essen einkaufen und Schwups sind 10 Sachen mehr im Wagen als man eigentlich brauchte, weil man plötzlich auf alles Heißhunger hat. Natürlich kann es immer mal wieder passieren, aber wenn Sie alles gut geplant haben brauchen Sie in der Woche nicht mehr einzukaufen.
- **Alles an einem Tag**. Dadurch dass Sie sich an einem Tag hinstellen und kochen, haben Sie auch nur an einem Tag den großen Abwasch. Sie haben nur an einem Tag den Müll, welchen Sie direkt rausbringen können und Sie müssen nur an diesem Tag, nach dem Kochen, alles wieder putzen.

Vor- und Nachteile von Meal Prep

In gewissen Punkten hat Meal Prep natürlich auch Nachteile, allerdings ist das alles eine reine Gewöhnungssache:

1. **Kaum Abwechslung.** Wenn Sie lieber jeden Tag etwas anderes Essen mögen und das auch auf grundlegende Zutaten zu trifft, dann könnte Meal Prep schwer werden.
2. **Festgelegte Mahlzeiten.** Für die einen gut für die anderen schlecht, ist der Wochenplan. Dadurch dass Sie an einem Tag alles möglichst fertig vorkochen, bleibt kaum Raum spontane Kreativität der Speisen. Natürlich könnten Sie dann neu einkaufen, aber dafür müssten Sie dann ja nicht Ihren Plan machen.
3. **Ideen für Gerichte.** Wenn Sie nicht so viele Ideen für passende Gerichte haben, dann kann Ihnen die Planung schon schwerfallen. Natürlich können Sie mehrere Kochbücher durchwälzen, um Ihren Plan jede Woche aufs Neue zu gestalten, aber wem so etwas nicht liegt der braucht Ideen und wer die nicht hat, wird sich damit schwertun.
4. **Genügend Platz für das benötigte Geschirr.** Wenn Sie vorhaben Ihre Mahlzeiten im Kühlschrank zu lagern, brauchen Sie natürlich dem entsprechend den Platz. Vielleicht wollen Sie aber auch einiges einfrieren, haben aber nur ein Gefrierfach, dann könnte es zu einem Problem werden. Je mehr Sie machen wollen und je größer die Mengen werden Sie zubereiten, desto größer werden auch Ihre Pfannen und Töpfe sein müssen.
5. **Keine Aufwärmmöglichkeit.** Sie wollen gerade für die Arbeit Ihre Mahlzeiten vorbereiten, haben dort aber keine Möglichkeiten Ihr Essen warmzumachen, so müssten Sie sich auf kalte Speisen beschränken. Das ist natürlich eine Möglichkeit und vielleicht wollen Sie auch genau das, aber für alle anderen könnte dies eine Schwierigkeit darstellen.

Abnehmen mit Meal Prep

Wahrscheinlich gibt es fast so viele Diäten wie es Länder auf der Erde gibt, wenn nicht sogar mehr. Meal Prep ist zwar keine Diät aber mit einem fundierten Ernährungsplan und guten Rezepten lässt sich Meal Prep sehr gut mit einer Diät vereinbaren.
Sagen wir Sie wollen zum Beispiel so wenige Kohlenhydrate essen wie nur möglich. Dann suchen Sie sich als aller erstes Ihre Rezepte, oder das was Sie gerne Essen mögen, raus und stellen Sie sich daraus einen Wochenplan zusammen. Es gibt viele Zutaten die sich gut auf Meal Prep anwenden lassen, wie Quinoa oder Linsen. Einmal vorgekocht halten Sie im Kühlschrank gut 3 - 4 Tage und lassen sich schnell in Ihre Gerichte integrieren. Gehen Sie zusätzlich zum Sport und planen Sie am besten für diese Tage Eiweißreiche Gerichte ein. Das kann morgens mit Overnight Oats anfangen und abends mit einem leichten Salat aus Linsen und Hähnchen enden.
Sie sehen also, dass Planung beim Vorkochen das Wichtigste ist und sich so wirklich alles umsetzen lässt, was Sie gerne möchten.

Aufbewahrung Ihrer Gerichte

Wie schon einmal angedeutet, gibt es viele verschiedene Möglichkeiten Ihre Mahlzeiten aufzubewahren. Was Sie am liebsten verwenden möchten, können Sie also entscheiden, aber am besten wäre hier auf die Nachhaltigkeit zu achten, denn Sie wollen ja sicherlich nicht jede Woche neue Einweg Plastikbehälter kaufen, dann können Sie lieber jeden Tag frisch kochen.

Es gibt verschiedenste Arten wie Sie Ihre Behälter auswählen können:

- Zum Mitnehmen oder zu Hause essen
- Einfrieren oder nur kühlen
- zum Aufwärmen oder kalt essen

Sie sehen also es gibt vieles zu beachten. Vielleicht helfen Ihnen ein paar Empfehlungen wie Sie am besten Ihre Gerichte transportieren, aufbewahren und erwärmen.

Lagerung

Bei bereits komplett fertig gekochten Gerichten, können Sie wiederverwertbare Behälter gut gebrauchen. Am besten solche, die Sie auch gleich erwärmen können oder einfrieren. Bei Babybrei

eignen sich hervorragend Eiswürfelformen. Einmal eingefroren können Sie den Brei portionsweise auftauen. Für andere Gerichte wie Suppen oder vorgeschnittenes Obst, für schnelle Smoothies, können Sie kleine Plastikboxen verwenden in denen Sie Ihre abgewogenen Portionen einfrieren oder im Kühlschrank lagern.
Wollen Sie etwas nicht ganz so lange vorkochen, dann reichen auch gut verschließbare Schüsseln oder Einmachgläser. Sie müssen dafür das Gericht natürlich nicht in dem Glas einkochen, aber für zum Beispiel Overnight Oats haben die Gläser die perfekte Größe.

Mitnehmen oder Zuhause essen

Wollen Sie Ihr essen gerne mitnehmen, so achten Sie lieber darauf das nicht so viele kleine Behälter sind, sondern nehmen Lunchboxen, die man einteilen kann oder bereits eingeteilt sind. Auch werden Glasbehälter auf Dauer schwer und sollte Ihre Tasche mal herunterfallen, so könnten diese schnell kaputtgehen. Für Speisen, die kalt gegessen werden, können Sie auch bestimmte Edelstahlbehälter benutzen.
Für zu Hause gibt es perfekte Behälter aus Plastik, welche bereits eingeteilt sind. Diese lassen sich, sauber super ineinander und befüllt super aufeinander stapeln.

Warm oder kalt

Da man Edelstahlbehälter und Behälter aus Holz leider nicht erwärmen kann, bleibt Ihnen bei Gerichten, die Sie erwärmen wollen nur wenig Spielraum. Dafür gibt es aber auch für bereits erwärmte Gerichte Thermobehälter, die sich super mitnehmen lassen. Oder wenn es zum Beispiel eine Suppe ist, die Sie mitnehmen wollen, dann verwenden Sie doch mal eine Thermoskanne. Nur sollten Sie diese aufschrauben, falls die Suppe Stückchen enthalten sollte.
Für die kalten Speisen gibt es dafür umso mehr Möglichkeiten. Angefangen bei Brotdosen für die Kinder in der Schule oder im Kindergarten, bis hin zu richtigen Salatboxen wo Sie einen extra Einsatz für das Geschnittene und das Dressing haben.
Hier gibt es auch welche aus Holz oder wer es ganz genau möchte, kann auch welche aus Biologisch abbaubaren Material und aus nachwachsenden Rohstoffen wie Bambus bekommen.

Wiederverwertbare Aufbewahrungsbehälter

Wie eben bereits genannt gibt es wiederverwertbare Aufbewahrungsbehälter aus Biologisch abbaubaren oder natürlich nachwachsenden Materialien.
Hier gibt es mittlerweile mehrere Firmen und da wird jeder ganz bestimmt fündig dem Nachhaltigkeit am Herzen liegt. Aber auch eine Edelstahlbox ist Nachhaltig nicht zu verachten.

Hier kurz ein paar Firmen die sehr auf eine Faire und nachhaltige Produktion und Qualität Ihrer Waren achten:

- **Avoid Waste**
  Diese Firma ist ein Start-up-Unternehmen aus Deutschland, welches großen Wert auf Nachhaltigkeit und abbaubare sowie wiederverwertbare Materialien legt.

- **MyQuamboo**
  Eine junge Firma aus Deutschland, der der Rohstoff Bambus sehr am Herzen liegt. Der Inhaber ist in Berlin geboren, hat aber durch seine Familie wurzeln in Vietnam und so kommt seine Nähe und das Verständnis für Bambus zu tragen.

- **Baban Lunchboxen**
  Diese Lunchboxen werden aus Weizenstroh, welches ein Abfallprodukt bei der Weizengewinnung ist, hergestellt und in schlichter doch funktionaler Form verarbeitet.

Menge der Fächer

Die Menge der Fächer einer Box ist nur insofern wichtig, wie Sie Ihre Mahlzeiten gestalten. Haben Sie gerne alles extra, dann sollten Sie, um nicht im Behälter durcheinander zu geraten, Behälter wählen, wo es eine feste Einteilung gibt oder solche wo Sie die Einteilung variieren können.
Ganz passend dazu gibt es die Bento Boxen. Dies wurde hier aus Japan übernommen, denn die Japaner nehmen gerne Ihr essen mit und stapeln die einzelnen Gerichte übereinander. Das kann von Zweistöckig für eine Person bis Fünfstöckig für die ganze Familie sein.
Haben Sie aber zum Beispiel einen Quinoa-Salat so brauchen Sie eher einen Behälter mit nur einem Fach. Möchten Sie Fleisch oder leicht zerfallenden Fisch dazu, dann nehmen Sie doch 2 Fächer.

Sollte dann noch etwas geschnittenes Obst als Dessert hinterher dazu sein und Sie möchten keinen extra Behälter dafür verwenden, dann nehmen Sie doch eine Box mit 3 Fächern.
Aus Erfahrung hat sich hier gezeigt, dass Kinder gerne eine kleine Auswahl an Speisen haben, deswegen würden für die Schule oder dem Kindergarten Lunchboxen mit variablen Einteilern besser passen. So hat man auch weniger Geschirr hinterher zum Abspülen, als wenn man alles einzeln verpacken muss.

Familienevent aus Vor- und Zubereitung

Sie haben eine Mehrköpfige Familie? Perfekt machen Sie Ihren Kochtag zum Familienevent. Lassen Sie Ihre Kinder und Ihrem Partner mit gestalten was sie so in der Woche essen möchten. Stimmen Sie gemeinsam ab oder ziehen Sie kleine Zettel, auf denen Sie vorher die Gerichte geschrieben haben, so ist definitiv für jeden etwas dabei.
Gehen Sie gemeinsam einkaufen, auch wenn es mal stressig ist, und lassen Sie die Kinder die Zutaten für Ihre Gerichte zusammen suchen. Sie werden sehen auf Dauer ist es ein Spaß für Sie alle. Sobald es dann ans Kochen geht, ist natürlich Vorsicht geboten damit sich auch keiner wehtut. Aber sobald Ihre Kinder zahlen lesen können, können Sie auch abwiegen oder leicht zuschneidende Lebensmittel klein schneiden. Vielleicht kann Ihr Partner auch mal den Kochtag übernehmen, dann können sie sich abwechseln oder Sie teilen sich die Arbeit auf.
Da bekommt man doch direkt Hunger also warum nicht direkt etwas von dem frisch geschnittenen Gemüse naschen. So wächst das Verständnis für die Lebensmittel und Ihre Arbeit beim Kochen.
Auch das Sauber machen nach dem Kochen sollte dann nicht an Ihnen hängen bleiben, denn gemeinsam geht es schneller und macht auch mehr Spaß.

Kommunikation

Sobald Sie Ihren Weg mit Meal Prep gefunden haben und schon ein wahrer Profi im Planen Ihrer Wochenmahlzeiten sind, wird Ihren Kollegen bestimmt auffallen, dass Sie jeden Tag frische Mahlzeiten für sich mit haben. Hier können Sie Ihr Wissen gezielt einsetzen und vielleicht neue Meal Prepper an Land ziehen.
Sollten Sie durch einen Kollegen auf das Vorkochen gekommen sein, so können Sie sich gut einfinden und sich vielleicht neue Ideen für Ihren Wochenplan holen. Essen Sie gemeinsam mit Ihren Kollegen und wenn es sich anbietet tauschen Sie Ihre Mahlzeiten doch mal. So haben Sie etwas Abwechslung in Ihrer Woche und man kommt immer ins Gespräch.

Wiederverwertbare Aufbewahrungsbehälter

Kindergarten- und Schulkinder haben durch besondere Gerichte sogar etwas in Ihrer Brotdose vom Meal Prep dabei. Nutzen Sie die Zeit die Ihnen in er Woche überbleibt lieber für sich oder die Familie, anstatt dass Sie gestresst nach der Arbeit noch einkaufen müssen um dann zu Hause irgendetwas Aufwendiges oder ungesundes kochen. Nehmen Sie sich das Wochenende, oder zwei beliebige Tage, Zeit und planen Sie die Woche durch, kaufen Sie ein und kochen Sie Ihre Mahlzeiten, soweit Sie gerne möchten vor.
Probieren Sie es doch einfach einmal aus und lassen Sie sich überzeugen!

Dieses Buch enthält keine Bilder

Die Lust am Kochen hat ihren Ursprung vom Appetit, sowie dem Umgang mit den Zutaten und anderen und sich selbst eine Freude zu bereiten. Ähnlich verhält es sich, wenn Sie essen gehen. Sie können bei dem „großem M..." oder Ihrem „Dönerladen um die Ecke" essen gehen, dort werden Sie jede Pommes auf Hochglanzfotos wiederfinden. Allerdings gehen Sie in ein Restaurant werden Sie in den seltensten Fällen Bilder zu den Gerichten finden. Alleine der Name des Gerichtes und evtl. noch die Zutaten bzw. die Beschreibung geben Ihnen einen Vorgeschmack von Dem was Sie sich bestellen. Und erst dann, wenn der angerichtete Teller vor Ihnen steht, der Duft Ihnen die Nase kitzelt und Sie den ersten Bissen im Mund verköstigen, fängt der Genuss an.
Und so ist es auch in diesem Kochbuch zu sehen, Sie lesen den Rezeptnamen und die Zutaten und entscheiden dann, wenn Ihnen „das Wasser um Munde zusammen läuft" welches Gericht heute auf den Tisch kommt bzw. Sie für sich oder Ihren Liebsten vorbereiten möchten.
Hinzu kommt, dass Kochbücher oder allgemein Bücher durch Bilder teurer sind je mehr Sie enthalten. Durch die farbenfrohen und wunderschönen Bilder entsteht eine hohe Seitenanzahl, welche das Buch schwer und unhandlich macht. Folglich erhöhen sich die Druckkosten und somit auch den Preis des Buches. Dieses Kochbuch soll Sie inspirieren durch die Vielfalt der Rezepte, sowie die Zusammensetzung der Zutaten und deren Zubereitung.

Das Frühstück

Notizen:______________________

Notizen:______________________

Notizen:______________________

Notizen:______________________

Notizen:______________________

Notizen:______________________

1. Paleobrot

KH 59 g | EW 214 g | F 452 g

Zubereitungszeit: **5 min Vorbereitung, 60 min backen**

Portionen: **1 Brot**

Schwierigkeit: **leicht**

Zutaten

- 140 g Mandeln
- 125 g Walnusskerne
- 168 g Leinsamen
- 140 g Sonnenblumenkerne
- 130 g Kürbiskerne
- 150 g Sesamsamen
- 5 Eier
- 10 g Salz

Zubereitung

1. Heizen Sie den Ofen auf 180 °C vor.
2. Wiegen Sie alle Zutaten direkt in eine Schüssel und vermengen Sie diese gut miteinander.
3. Geben Sie die Mischung in eine, mit Backpapier ausgelegte, Kastenform und backen es ca. 60 Minuten.
4. Wenn das Brot ausgekühlt ist, können Sie es schneiden, Portionsweise in kleine Päckchen packen und einfrieren.

2. Bananenbrot

KH 22,2 g | EW 5,9 g | F 12 g

Zubereitungszeit: 10 min Vorbereitung, 40 - 50 min backen
Portionen: 1 Brot
Schwierigkeitsgrad: mittel

Zutaten:

- 2 reife Bananen
- 70 ml Milch
- 50 ml Pflanzenöl
- 2 Eier
- 130 g Mehl
- 2 TL Backpulver
- 50 g gemahlene Mandeln
- etwas Fett zum Einfetten der Backform
- 10 g gehobelte Mandeln

Zubereitung:

1. Heizen Sie den Backofen auf 180 °C Umluft vor.
2. Schälen Sie die Bananen und zerdrücken Sie diese mit einer Gabel. Falls es Ihnen nicht fein genug ist, können Sie auch einen Pürierstab benutzen.
3. Geben Sie die Eier, das Öl und die Milch hinzu und verrühren Sie alles gut.
4. Mischen Sie das Backpulver, das Mehl und die gemahlenen Mandeln einmal trocken durch und geben Sie die Mischung anschließend unter.
5. Vermengen Sie alles zu einem glatten Teig.
6. Fetten Sie die Kastenform ein und legen Sie, sie mit Backpapier aus. Anschließend füllen Sie den Teig in die Form und bestreuen ihn mit den gehobelten Mandeln.
7. Schieben Sie das Bananenbrot in den Ofen und backen es für 40-50 Minuten. Nach ca. 30 Minuten decken Sie das Brot mit einem Stück Alufolie ab, damit die Kruste nicht zu braun wird.
8. Wenn das Brot fertig ist, lassen Sie es abkühlen. Besonders gut lässt sich das Bananenbrot in Scheiben geschnitten, portionsweise einfrieren.

3. Quarkbrötchen ohne Zucker

KH 216 g | EW 65 g | F 87 g

Zubereitungszeit: 10 min Vorbereitung, 15 min backen
Portionen: 12 Stück
Schwierigkeitsgrad: leicht

Zutaten:

- 275 g Mehl
- 1 Päckchen Backpulver
- 250 g Quark
- 6 EL Milch
- 4 EL Öl
- ggf. 1 TL Salz

Zubereitung:

1. Heizen Sie den Backofen auf 180 °C Ober- und Unterhitze vor.
2. Verkneten Sie alle Zutaten zu einem glatten Teig.
3. Formen Sie nun 12 Quarkbrötchen und legen Sie diese auf ein mit Backpapier belegtes Backblech.
4. Bestreichen Sie die Brötchen mit etwas Milch und backen Sie, sie ca. 15 Minuten.
5. Wenn Sie die Brötchen einfrieren, dann können Sie sie bei Bedarf Aufbacken oder kurz Toasten.

4. Joghurtbrötchen

KH 188 g | EW 34 g | F 23 g

Zubereitungszeit: Vorbereitungszeit 5 min, gehen lassen ca. 75 min, backen 20 min
Portion: 4 - 6 Stück
Schwierigkeitsgrad: leicht

Zutaten:

- 250 g Mehl
- 150 g Joghurt
- 50 ml Wasser
- 1 Packung Trockenhefe
- 1 TL Salz
- 1 Schuss Olivenöl

Zubereitung:

1. Wiegen Sie alle Zutaten in eine Schüssel und vermengen Sie diese. Sollte der Teig zu klebrig sein, fügen Sie noch etwas Mehl hinzu.
2. Wenn der Teig glatt geknetet ist, formen Sie eine große Kugel. Lassen Sie den Teig in einer bemehlten Schüssel, zugedeckt ca.1 Stunde gehen.
3. Portionieren Sie nun die Brötchen aus dem Teig, legen Sie sie auf ein Backblech und schneiden Sie diese nach Belieben ein.
4. Decken Sie die Brötchen mit einem Tuch ab und lassen sie weitere 15 Minuten gehen.
5. Währenddessen heizen Sie den Backofen auf 180 °C Umluft vor.

5. Buttermilchbrötchen mit Apfelfüllung

KH 536 g | EW 71 g | F 80 g

Zubereitungszeit: Vorbereitung 15 Min, gehen lassen 90 Min, backen 35 Min
Portionen: 16 Stück
Schwierigkeitsgrad: schwer

Zutaten:

Hefeteig:

- 250 g warme Buttermilch
- 1 Pack. Trockenhefe
- 100 g Zucker
- 500 g Mehl
- 1 Ei
- 80 g Butter

Füllung:

- 450-500 g Äpfel
- 1 EL braunen Zucker
- 1 TL Zimt

Zubereitung:

1. Lösen Sie die Trockenhefe in der warmen Buttermilch, mit etwas Zucker auf.
2. Fügen Sie die restlichen Zutaten hinzu und verkneten Sie diese zu einem glatten Teig.
3. Lassen sie den Teig an einem warmen Ort für ca. 1 Stunde, zugedeckt stehen.
4. In der Zeit wo der Teig geht, können Sie Füllung vorbereiten, in dem Sie die Äpfel schälen, das Kerngehäuse entfernen und in kleine Würfel schneiden.
5. Rühren Sie den braunen Zucker und den Zimt unter.
6. Wenn der Hefeteig deutlich gegangen ist, kneten Sie ihn durch und portionieren Sie 16 gleichgroße Brötchen.
7. Diese drücken Sie etwas platt und Füllen sie mit der vorbereiteten Apfelfüllung. Ca. 2 EL sollten reichen.
8. Klappen Sie die Ränder ein und legen die Brötchen mit der Nahtseite nach unten auf das mit Backpapier belegte Blech.
9. Während die Brötchen nochmal 30 Minuten gehen müssen, können sie den Backofen auf 180 °C Ober- und Unterhitze vorheizen. Bepinseln Sie die Brötchen noch mit etwas verdünntem Eigelb.
10. Anschließend werden die Brötchen ca.35 Minuten gebacken bis sie goldgelb sind.
11. Wenn Sie möchten, können sie die Brötchen noch mit etwas Zuckerguss verzieren.

6. Herzhaftes Schlank - Sandwich

KH 39 g| EW 22 g | F 21 g

Zubereitungszeit: 15 min
Portionen: 1
Schwierigkeitsgrad: leicht

Zutaten:

- 1 Ei
- ½ TL Halbfettmargarine
- 1 TL Schnittlauchröllchen
- ½ TL grober Senf
- 40 g Salatgurke
- 2 Scheiben Roggenvollkornbrot
- 40 g Kochschinken, hauchdünn geschnitten

Zubereitung:

1. Kochen Sie das Ei ca. 10 Minuten in kochendes Wasser.
2. Mischen Sie die Margarine, den Schnittlauch und den Senf.
3. Waschen Sie die Salatgurke und schneiden Sie sie in dünne Scheiben.
4. Wenn das Ei fertig gekocht ist, schrecken Sie es ab und pellen es. Anschließend schneiden Sie auch dieses in dünne Scheiben.
5. Bauen Sie jetzt das Sandwich zusammen indem Sie die Margarine-Creme auf den Brotscheiben verschmieren, dann die Ei-Scheiben auf eine Scheibe Brot legen, obendrauf den Schinken und darauf die Gurkenscheiben.
6. Zum Schluss legen Sie die zweite Scheibe Brot auf und schneiden das Sandwich diagonal durch.

7. Thunfisch-Sandwich mit Feta

KH 43 g | EW 42 g | F 51 g

Zubereitungszeit: 15 Min
Portion: 1
Schwierigkeitsgrad: leicht

Zutaten:

- 1 Ei
- 2 Scheiben Sandwichtoast
- ½ Dose Thunfisch
- 2 EL Remoulade
- 50 g Feta
- Zwiebeln
- Pfeffer
- Salz

Zubereitung:

1. Kochen Sie das Ei ca. 10 Minuten in kochenden Wasser hart
2. In der Zwischenzeit bestreichen Sie die beiden Toastscheiben mit der Remoulade.
3. Lassen Sie den Thunfisch abtropfen und verteilen Sie ihn auf einer Scheibe gleichmäßig.
4. Wenn das Ei fertig gekocht ist, schrecken sie es ab, schneiden es in Scheiben und legen es auf den Thunfisch.
5. Würzen Sie das Sandwich mit Salz und Pfeffer und verteilen Sie die Zwiebeln darauf nach Geschmack.
6. Schneiden oder bröseln Sie den Feta auf die Zwiebeln.
7. Legen Sie nun die zweite Scheibe Toast obendrauf.
8. Sie können, wenn Sie möchten, das Toastbrot in einem Kontaktgrill, oder ähnlichen, grillieren.

8. Gegrilltes Käse - Sandwich

KH 79 g | EW 49 g | F 79 g

Zubereitungszeit: 15 Minuten
Portion: 1
Schwierigkeitsgrad: leicht

Zutaten:

- 1 TL Olivenöl
- 2 Knoblauchzehen gehackt
- 3 Handvoll frischen Spinat
- Salz
- 2 EL Frischkäse
- 4 Scheiben Brot nach Wahl
- 1 EL Butter
- 125 g geriebener Cheddar

Zubereitung:

1. Erhitzen Sie das Olivenöl in einer Pfanne und braten Sie den Knoblauch kurz an.
2. Dünsten Sie den Spinat und etwas Salz mit dem Knoblauch kurz an, bis der Spinat zusammenfällt.
3. Packen Sie den Spinat in ein Sieb und drücken Sie die überflüssige Flüssigkeit etwas heraus.
4. Nun geben Sie den Frischkäse und den Spinat zusammen in eine Schüssel und mischen alles gut durch. Das Abschmecken nicht vergessen.
5. Braten Sie nun zwei Brotscheiben mit etwas Butter in der Pfanne an und streuen Sie den Cheddar auf beide Brotscheiben.
6. Verteilen Sie die Spinat-Frischkäse-Creme auf den Brotscheiben und streuen Sie noch etwas Cheddar obendrauf.
7. Legen Sie nun die anderen beiden Brotscheiben obenauf und drücken sie etwas fest.
8. Wenn die untere Brotscheibe leicht gebräunt ist, kann das Sandwich einmal gewendet werden um auch die andere Seite zu bräunen. Am besten schmeckt das Sandwich noch warm!

9. Protein Frühstücks - Burritos

KH 30 g | EW 26 g | F 17 g

Zubereitungszeit: 40 Minuten
Portionen: 6
Schwierigkeitsgrad: mittel

Zutaten:

- 18 Eiklar
- 250 g Speck
- 90 g Cheddar gerieben
- Tomaten
- Schnittlauch
- Salz und Pfeffer

Zubereitung:

1. Mixen Sie das Eiklar mit Salz und Pfeffer und machen Rührei daraus und braten Sie den Speck an.
2. Rollen Sie alle Zutaten gleichmäßig in die Wraps ein und wickeln sie die einzeln in Frischhaltefolie. Anschließend nochmal in Alufolie.
3. Die Burritos lassen sich super vorbereiten und einfrieren. Zum Essen einfach 1 Minute bei 60 % in die Mikrowelle. Dadurch schmilzt der Käse

10. Basic Burritos

KH 25 g |EW 13 g |F 13 g

Zubereitungszeit: 40 Minuten
Portionen: 6
Schwierigkeitsgrad: mittel

Zutaten:

- 6 Tortillas
- 150 g Gemüsemais
- 180 g Cheddar geraspelt
- 100 g Jalapeños
- 400 g Kidneybohnen
- 200 g Cocktail Tomaten
- Salatgurke
- 1 große Zwiebel
- Salz

Zubereitung:

1. Schneiden Sie die Gurke, die Tomaten, die Jalapeños und die Zwiebel in gleichgroße keine Stücke und mischen Sie diese in einer Schüssel.
2. Die Kidneybohne Bohnen kurz erwärmen und zu einem Brei zerstampfen.
3. Verteilen Sie alles gleichmäßig auf die Tortillas und rollen Sie diese auf.
4. Zum Schluss die Burritos in Frischhaltefolie einwickeln und anschließend in Alufolie.
5. Frieren Sie dir Burritos einzeln ein und Tauen Sie sie bei 60 % ca. 1 Minute in der Mikrowelle auf.

11. Blaubeer- Mandel Overnight Oats

KH 98 g | EW 18 g | F 24 g

Zubereitungszeit: 5 Minuten
Portion: 1
Schwierigkeitsgrad: leicht

Zutaten:

- 100 g gefrorene Blaubeeren
- 80 g Haferflocken
- ½ reife Banane
- 1 EL Kokosblütenzucker
- 1 EL Mandelmus
- 200 ml Mandeldrink

Zubereitung:

1. Zerdrücken Sie die halbe Banane mit der Gabel.
2. Geben Sie nun die Banane, die Haferflocken, den Kokosblütenzucker, das Mandelmus und den Mandeldrink in ein Einmachglas und rühren Sie alles gut durch.
3. Heben Sie die Blaubeeren gut unter und verschließen Sie das Glas.
4. Stellen Sie das Glas über Nacht in den Kühlschrank damit die Haferflocken quellen können.
5. Nehmen Sie das Glas am nächsten Morgen heraus und servieren Sie es mit Blaubeeren und Banane als Topping. Oder nehmen Sie das Glas einfach so mit zur Arbeit.

12. Bananen Karotten Kuchen Overnight Oats

KH 58,8 g | EW 24,7 | F 4,5 g

Zubereitungszeit: 10 Minuten
Portion: 1
Schwierigkeitsgrad: leicht

Zutaten:

- 30 g Haferflocken
- 1 Sehr reife Banane
- 1 Karotte
- 1 TL Honig
- 150 g Mandelmilch
- 150 g Magerquark

Zubereitung:

1. Schneiden Sie die Banane in Stücke und geben sie diese ins Glas, dann zerdrücken Sie diese mit einer Gabel.
2. Reiben Sie die Karotte sehr fein und geben sie sie ins Glas dazu.
3. Nun geben Sie die Haferflocken, die Mandelmilch, den Honig und den Quark hinzu.
4. Rühren Sie alles gut durch und verschließen Sie das Glas und stellen es über Nacht in den Kühlschrank.

13. New York Berry Cheesecake Overnight Oats

KH 43,4 g | EW 28,4 g| F 5,2 g

Zubereitungszeit: 5 Minuten
Portion: 1
Schwierigkeitsgrad: leicht

Zutaten:

- 30 g Haferflocken
- 100 g Beerenmischung
- 1 Päckchen Vanille Aroma
- 150 g Magerquark
- 150 g Milch 1,5 % Fett

Zubereitung:

1. Füllen Sie die Haferflocken zusammen mit der Beerenmischung in ein Glas.
2. Geben Sie die Milch, das Aroma und den Quark hinzu und rühren Sie alles gut durch.
3. Verschließen Sie das Glas und stellen es über Nacht in den Kühlschrank.

14. Matcha White Chocolate Chip Overnight Oats

KH 29,5 g | EW 27,3 g |F 8,2 g

Zubereitungszeit: 5 Minuten
Portion: 1
Schwierigkeitsgrad: leicht

Zutaten:

- 30 g Haferflocken
- 25 g Vanille Proteinpulver
- 1 EL Matcha
- 20 g White Chocolate Drops
- 150 g Soja Joghurt
- 150 ml Mandelmilch

Zubereitung:

1. Geben Sie die Haferflocken, die Chocolate Drops und das Proteinpulver ins Glas.
2. Gießen Sie die Mandelmilch hinzu und rühren Sie das Matcha Pulver unter.
3. Zum Schluss geben Sie den Soja Joghurt unter und verrühren alles gut.
4. Nun noch verschließen und über Nacht in den Kühlschrank stellen.

15. Griechische Erdbeergöttin

KH 49 g | EW 12 g | F 10 g

Zubereitungszeit: 10 Minuten
Portion: 1
Schwierigkeitsgrad: leicht

Zutaten:

- 1 EL Honig
- 75 g gewürfelte Erdbeeren
- 100 ml Milch
- 3 EL griechischer Sahnejoghurt
- 40 g Haferflocken

Zubereitung:

1. Geben sie die Haferflocken, den Joghurt und die Milch in ein Glas und vermengen Sie alles.
2. Nun geben sie die Erdbeeren und den Honig hinein und mischen nochmals alles gut durch.
3. Zum Schluss das Glas verschließen und über Nacht in den Kühlschrank stellen.

16. Lecker Schoki- Wecker

KH 63 g |EW 10 g | F 7 g

Zubereitungszeit: 10 Minuten
Portion: 1
Schwierigkeitsgrad: leicht

Zutaten:

- 75 g Himbeeren
- 3 EL Bananenchips
- 100 ml Schokomilch
- 40 g Dinkelflocken

Zubereitung:

1. Geben Sie die Himbeeren, die Bananenchips, die Dinkelflocken und die Schokomilch in ein Glas und rühren Sie alles gut durch.
2. Verschließen Sie das Glas und stellen es über Nacht in den Kühlschrank.
3. Es lassen sich auch mehrere Portionen vorbereiten und kaltstellen.

17. Einfaches Overnight Oats mit Früchten

KH 54 g | EW 13 g | F 4 g

Zubereitungszeit: 15 Minuten
Portion: 1
Schwierigkeitsgrad: leicht

Zutaten:

- 40 g Haferflocken
- 100 ml Sojadrink
- 3 EL pflanzliche Joghurtalternative
- ½ Banane
- 5 Himbeeren

Zubereitung:

1. Füllen Sie die Haferflocken, den Sojadrink und den Joghurt in ein Glas und verrühren alles
2. Schneiden Sie die Banane in mundgerechte Stücke und füllen Sie sie mit den Himbeeren in das Glas.
3. Mischen Sie alles vorsichtig durch und verschließen Sie das Glas.
4. Zum Schluss das Glas über Nacht in den Kühlschrank stellen.

18. Himbeer- Kokos- Porridge

KH 55 g | EW 23 g | F 40 g

Zubereitungszeit: 20 Minuten
Portionen: 1
Schwierigkeitsgrad: leicht

Zutaten:

- 50 g Haferflocken
- 200 ml Milch
- 1,5 EL Kokosraspeln
- 1 EL Mandeln gehackt
- 1,5 EL getrocknete Cranberries
- 1 EL Kokossirup oder Agaven Dicksaft
- ca. 100 g TK Himbeeren
- frisches Obst nach Wahl als Deko

Zubereitung:

1. Stellen Sie einen Topf mit der Milch auf den Herd und geben Sie die Haferflocken, die Kokosraspeln, die Mandeln und die Cranberries hinzu.
2. Geben Sie den Kokossirup oder den Agaven Dicksaft nach Geschmack hinzu und verrühren sie alles gut.
3. Wenn der Porridge im Topf anfängt zu kochen, nehmen Sie den Topf vom Herd und rühren die Himbeeren ein.
4. Lassen Sie den Porridge etwas ziehen. In dieser Zeit können Sie das Obst schneiden für oben auf.
5. Die trockenen Zutaten lassen sich auch perfekt vormischen, dann können Sie sich bei Bedarf schnell Ihren Porridge fertig kochen.

19. Chia- Beerenmarmelade

KH 10 g | EW 3,1 g | F 3,6 g

Zubereitungszeit: 20 Minuten
Portion: 8 Portionen
Schwierigkeitsgrad: leicht

Zutaten:

- 550 g TK- Beeren nach Wahl
- 7 EL Chiasamen
- 4 EL Honig oder Agavendicksaft

Zubereitung:

1. Füllen Sie die TK- Beeren in einem großen Topf und etwas Wasser, bei kleiner Stufe auf den Herd.
2. Wenn die Beeren aufgetaut sind und kochen, rühren Sie den Honig oder den Agavendicksaft unter und pürieren alles.
3. Heben Sie nun die Chiasamen unter und füllen Sie die Marmelade noch heiß in die Gläser.
4. Verschließen Sie die Gläser und stellen Sie sie zum Abkühlen auf den Kopf.

20. Himbeerkompott mit Nussmüsli und Joghurt

KH 255 g | EW 23 g |F 19 g

Zubereitungszeit: 7 Minuten, ca. 1 Stunde warten für das auftauen der Himbeeren
Portionen: 4
Schwierigkeitsgrad: leicht

Zutaten:

- 250 g TK- Himbeeren
- 6 EL Zucker
- 300 g Joghurt
- 150 g Nussmüsli
- 4 EL Honig

Zubereitung:

1. Lassen Sie die Himbeeren bei Zimmertemperatur auftauen.
2. Schickten Sie nun die Himbeeren, den Joghurt und das Müsli in Gläsern.
3. Geben Sie zum Schluss je einen EL Honig pro Glas obendrauf.

21. Gebackener Haferflocken-Karottenkuchen

KH 99 g | EW 27 g | F 20 g

Zubereitungszeit: 5 Minuten vorbereiten, 30 Minuten backen
Portionen: 1
Schwierigkeitsgrad: leicht

Zutaten:

- 100 g Haferflocken
- 200 ml Milch
- 1 Ei
- 40 g Karotten, gerieben
- ½ Banane
- 5 g Zimt

Zubereitung:

1. Heizen Sie den Backofen auf 175 °C vor.
2. Geben Sie die Haferlocken in die Auflaufform.
3. Vermengen Sie das Ei mit der Milch und geben Sie die Mischung über die Haferflocken. Rühren Sie alles einmal kurz durch.
4. Nun kommen das Karottenraspel und die Banane dazu.
5. Stellen Sie die Auflaufform in den Backofen und backen Sie alles für ca. 30 Minuten.
6. Sie können auch eine größere Menge für mehrere Tage vorbacken und wenn Sie möchten sogar einfrieren.

22. Schoko- Erdnussbutter- Haferflocken- Kuchen

KH 81 g | EW 38 g | F 37 g

Zubereitungszeit: 5 Minuten vorbereiten, 30 ´Minuten backen
Portionen: 1
Schwierigkeitsgrad: leicht

Zutaten:

- 100 g Haferflocken
- 1 Ei
- 200 ml Milch
- 25 g Kakao Pulver
- 25 g Erdnussbutter

Zubereitung:

1. Heizen Sie den Backofen auf 175 °C vor.
2. Geben Sie die Haferlocken in die Auflaufform.
3. Vermengen Sie das Ei, die Erdnussbutter und das Kakaopulver mit der Milch und geben Sie die Mischung über die Haferflocken. Rühren Sie alles einmal kurz durch.
4. Stellen Sie die Auflaufform in den Backofen und backen Sie alles für ca. 30 Minuten.
5. Sie können auch eine größere Menge für mehrere Tage vorbacken und wenn Sie möchten sogar einfrieren.

Gebackenes

Notizen:________________________

Notizen:________________________

Notizen:________________________

Notizen:________________________

Notizen:________________________

Notizen:________________________

23. Muffin Grundrezept

KH 342 g | EW 47 g | F 131 g

Zubereitungszeit: 20 Minuten vorbereiten, 25 Minuten backen
Portionen: 12 Stück
Schwierigkeitsgrad: leicht

Zutaten:

- 250 g Mehl
- 2 TL Backpulver
- 1 Prise Salz
- 130 g Butter, weich
- 150 g Zucker
- 2 Eier
- 250 g Joghurt

Zubereitung:

1. Heizen Sie den Backofen auf 160 °C Umluft vor und fetten Sie das Muffinblech oder legen Sie die Papierförmchen in die Muffin formen ein.
2. Sieben Sie das Mehl, das Salz und das Backpulver in eine Schüssel und vermengen Sie alles ein wenig miteinander.
3. Mixen Sie nun die weiche Butter mit dem Zucker, bis die Butter etwas cremig, luftig wird.
4. Geben Sie erst die Eier und dann den Joghurt nach und nach unter.
5. Dann noch die Mehlmischung unterheben bis eine glatte Masse entstanden ist.
6. Zum Schluss füllen Sie die Masse in die Formen und stellen sie in den Backofen für ca. 20 - 25 Minuten. Nach dem Backen, das Auskühlen nicht vergessen.

24. Müslimuffins

KH 534 g | EW 124 g | F 177 g

Zubereitungszeit: 50 Minuten
Portionen: 12 Stück
Schwierigkeitsgrad: mittel

Zutaten:

- 1 Dose Mandarinen à 314 ml
- 150 g Knusper Müsli
- 200 g Karotten, fein gerieben
- 250 g Mehl
- 2 TL Backpulver
- 175 g Zucker
- Salz, Zimt
- 8 EL Sonnenblumenöl
- 2 Eier
- 500 g Quark
- 1 Pck. Sahnesteif
- 1 Orange

Zubereitung:

1. Heizen Sie den Backofen auf 180 °C Umluft vor und fetten Sie die Mulden der Muffinform.
2. Lassen Sie die Mandarinen abtropfen und hacken Sie das Müsli einmal grob durch.
3. Vermengen Sie das Mehl, das Backpulver, 100 g Zucker und eine Prise Salz.
4. Verquirlen Sie das Öl, die Eier und 150 g Quark und mischen Sie anschließend die Mehlmischung unter.
5. Nun heben Sie noch kurz 2/3 der Mandarinen, 100 g von dem Müsli und die Karotten unter.
6. Verteilen Sie den Teig in die Mulden und stellen Sie das Blech in den heißen Ofen für ca. 15 - 20 Minuten.
7. Während die Muffins auskühlen machen Sie das Topping aus den restlichen Zutaten.
8. Dazu einfach den Zucker, das Sahnesteif und den Zimt mischen, den Quark unterrühren und die Orangenschale und die restlichen Mandarinen unterheben.
9. Zum Schluss verteilen Sie nur noch die Creme auf den Muffins und bestreuen sie mit dem restlichen Müsli.

25. Käsekuchenmuffins

KH 308 g | EW 83 g | F 225 g

Zubereitungszeit: 20 Minuten Vorbereiten, ca. 30 Minuten backen
Portionen: 12 Stück
Schwierigkeitsgrad: mittel

Zutaten:

- 90 g Butterkekse
- 25 g Zucker
- 50 g Butter

- 125 g Erdbeeren
- 2 EL Zucker

- 170 g Zucker
- 1 EL Mehl
- 450 g Frischkäse oder abgetropften Quark
- Zitronenabrieb
- 2 Eier L
- Vanillemark
- 60 ml saure Sahne

Zubereitung:

1. Heißen Sie den Backofen auf 170 °C vor und verteilen Sie Papierförmchen in die Mulden des Muffinblechs.
2. Zerstoßen Sie die Kekse zu Krümel, vermischen Sie die Krümel mit dem Zucker und rühren Sie die flüssige Butter unter.
3. Nun verteilen Sie die Keksbodenmasse gleichmäßig auf die Förmchen, drücken diese fest und backen sie für ca. 5 Minuten im Backofen.
4. Pürieren Sie die Erdbeeren mit dem Zucker.
5. Vermischen Sie das Mehl, den Zucker und den Zitronenabrieb und rühren Sie nun den Frischkäse unter.
6. Verquirlen Sie die Eier mit der sauren Sahne und geben sie alles unter die Frischkäsemasse.
7. Wenn alles gut verrührt ist befüllen Sie die Förmchen und tropfen ein bisschen Erdbeermark hinein.
8. Fahren Sie mit dem Zahnstocher durch das Mark so das kleine Herzen entstehen.
9. Zum Schluss stellen Sie das Blech in den Backofen für ca.20-25 Minuten.

26. Möhrenkuchen- Muffins

KH 640 g | EW 76 g | F 307 g

Zubereitungszeit: 20 Minuten vorbereiten, 25 Minuten backen
Portionen: 12 Stück
Schwierigkeitsgrad: mittel

Zutaten:

- 550 g Möhren, geraspelt
- 2 Zitronen
- 200 g brauner Zucker
- 400 g Mehl
- 1 Pck. Backpulver
- 1 TL Zimt
- ½ TL Kardamon
- 2 TL Vanillezucker
- Salz
- 50 g gemahlene Haselnüsse
- 200 ml Rapsöl
- 200 g Frischkäse
- 30 ml Sahne
- 100 g Puderzucker

Zubereitung:

1. Heizen Sie den Backofen auf 180 °C Ober-/ Unterhitze vor und legen sie die Papierförmchen in die Mulden der Muffinform.
2. Reiben Sie die Zitronenschale ab und pressen Sie die Zitronen aus, geben Sie beides zu den Möhrenraspel.
3. Vermischen Sie alle trockenen Zutaten und fügen Sie das Öl hinzu um einen Teig herzustellen.
4. Heben Sie die Karotten unter und vermengen sie alles sehr gut.
5. Füllen Sie den Teig in die Förmchen und stellen Sie das Blech für ca. 25 Minuten in den Ofen.
6. Während die Küchlein backen, verrühren Sie den Frischkäse mit der Sahne und schlagen es danach mit dem Puderzucker schaumig.
7. Zum Schluss, wenn die Küchlein ausgekühlt sind, verteilen Sie die Frischkäse-Sahne auf die Muffins.

27. Pizza- Muffins

KH 310 g | EW 108 g | F 129 g

Zubereitungszeit: 50 Minuten Vorbereitung, 25 Minuten backen
Portionen: 12 Stück
Schwierigkeitsgrad: mittel

Zutaten:

- 400 g Mehl
- 15 g frische Hefe
- 0,5 TL Zucker
- 4 EL Olivenöl
- 200 g Champions
- 150 g Kochschinken
- 250 g Kirschtomaten
- 1 kleine Zwiebel
- 1 Knoblauchzehe
- 1 EL Tomatenmark
- 1 TL Oregano
- 120 g Pizzakäse, gerieben

Zubereitung:

1. Arbeiten Sie das Mehl, die Hefe, eine Prise Salz, den Zucker, 2 EL Öl und ca. 220 ml lauwarmes Wasser zu einen glatten Teig und stellen ihn für ca. 60 Min an einen warmen Ort zum Gehen.
2. In der zwischen Zeit schneiden Sie die Pilze, den Schinken, die Tomaten, die Zwiebeln und den Knoblauch klein.
3. Schwitzen Sie die Zwiebeln und den Knoblauch in einer Pfanne glasig und geben Sie die Pilze mit dazu.
4. Wenn die Pilze etwas angebraten sind, mischen Sie das Tomatenmark unter und lassen die Masse etwas abkühlen.
5. Nun die Tomaten, den Schinken und den Oregano untermischen und mit Salz und Pfeffer abschmecken.
6. Wenn der Teig gut an Volumen zugenommen hat, heizen Sie den Ofen auf 200 °C Umluft vor.
7. Bepinseln Sie die Mulden des Muffinblechs mit Öl und formen Sie den Teig zu einer Rolle.
8. Teilen Sie den Teig in 12 gleichgroße Teile und rollen sie diese zu kleinen Pizzen aus.
9. Nun legen Sie in jede Mulde einen kleinen Pizzateig, füllen die Füllung ein und bestreuen es mit dem Käse.
10. Backen Sie die Muffins ca. 25 Minuten bis sie schön braun und lecker werden.

28. 28. Avocadokuchen

KH 753 g | EW 85 g | F 291 g

Zubereitungszeit: 20 Minuten Vorbereitung, 60 - 70 Minuten backen
Portionen: 1 Kastenform
Schwierigkeitsgrad: mittel

Zutaten:

- 1 reife Avocado
- 1 TL Zitronensaft
- 225 g weiche Butter
- 200 g Zucker
- 1 Pck. Vanillezucker
- 4 Eier
- 350 g Mehl
- 1 Pck. Backpulver
- 50 g gemahlene Mandeln
- 50 ml Milch
- 30 g Pistazien
- 250 g Puderzucker
- 1 Limette
- Salz

Zubereitung:

1. Heizen Sie den Ofen auf 150 °C Umluft vor und fetten Sie die Kastenform.
2. Lösen Sie das Fruchtfleisch aus der Avocado und pürieren Sie es zusammen mit dem Zitronensaft.
3. Rühren Sie die Butter, den Zucker, den Vanillezucker und eine Prise Salz cremig.
4. Geben Sie die Eier nach und nach unter.
5. Mischen Sie die trockenen Zutaten und geben Sie diese Mischung in Abwechslung mit der Milch unter die Buttermasse.
6. Nun heben Sie noch das Avocadopüree unter und füllen alles in die vorbereitete Kastenform.
7. Backen Sie den Kuchen für ca. 60 - 70 Minuten. Decken Sie den Kuchen aber nach ca. 40 Minuten mit Alufolie ab, sonst wird er zu braun und zu hart.
8. Mischen Sie, während der Kuchen abkühlt, den Limettensaft und den Puderzucker zu einem Zuckerguss und geben Sie diesen über den ausgekühlten Kuchen.
9. Zum Schluss noch die Pistazien hacken und über den Kuchen streuen.

29. Mini- Amerikaner

KH 540 g | EW 40 g | F 99 g

Zubereitungszeit: 10 Minuten vorbereiten, 15 - 20 Minuten backen
Portionen: 4 Portionen
Schwierigkeitsgrad: leicht

Zutaten:

- 100 g Butter
- 100 g Zucker
- 2 Eier
- Salz
- 1 Pck. Vanillezucker
- 250 g Mehl
- 40 g Speisestärke
- 1 Pck. Backpulver
- 30 ml Milch
- 200 g Puderzucker
- 10 ml Zitronensaft
- Streusel oder ähnliches

Zubereitung:

1. Heizen Sie den Backofen auf 180 °C Ober-/ Unterhitze vor und belegen Sie 2 Backbleche mit Backpapier.
2. Schlagen Sie die weiche Butter mit dem Zucker auf und heben Sie nach und nach die Eier unter.
3. Mischen Sie die trockenen Zutaten und geben Sie dieses Gemisch unter die Buttermasse.
4. Nun noch die lauwarme Milch untergeben und alles schnell zu einem Teig verarbeiten.
5. Formen Sie mit leicht feuchten Händen kleine Kugeln aus dem Teig und setzen Sie diese mit etwas Abstand zueinander auf die Bleche.
6. Drücken Sie die Kugeln leicht flach und stellen Sie die Backbleche in den Ofen für 15 - 20 Minuten.
7. Wenn der Rand der Amerikaner sich bräunt, sind sie fertig.
8. Mischen Sie aus Zitronensaft und dem Puderzucker einen Zuckerguss zusammen und beschmieren Sie damit die ausgekühlten Amerikaner.
9. Zum Schluss noch ggf. dekorieren.

30. Müsliriegel und Granola

KH 293 g | EW 146 g | F 292 g

Zubereitungszeit: 5 Minuten vorbereiten, 18 Minuten backen
Portionen: ein Backblech
Schwierigkeitsgrad: leicht

Zutaten:

- 250 g Haferflocken
- 100 g gehobelte Mandeln
- 75 g Kürbiskerne
- ½ TL Zimt
- 1 TL Salz
- ½ TL Vanilleextrakt
- 50 g Kokosöl, geschmolzen
- 5 EL Cashewmus
- 100 g Tahin
- 5 EL Ahornsirup
- 50 g Chiasamen
- 5 EL Kakao-Nibs

Zubereitung:

1. Heizen Sie den Backofen auf 180 °C vor und legen Sie das Backblech mit Backpapier aus.
2. Vermischen Sie die trockenen Zutaten in einer Schüssel und geben Sie den Vanilleextrakt hinzu und mischen es nochmal durch.
3. Teilen Sie die Mischung in 2 Schüsseln auf.
4. Mischen Sie in einer anderen Schüssel das Kokosöl, das Cashewmus, den Tahin und 1 EL Ahornsirup. Gegebenenfalls muss die Mischung etwas erwärmt werden.
5. 2/3 der Mischung kommt in die eine der vorherigen Schüsseln und der Rest in die andere.
6. Fügen Sie in der Schüssel mit weniger Tahinmischung die Chiasamen und den übergebliebenen Ahornsirup hinzu.
7. Verteilen Sie die lose Granola auf der einen Hälfte vom Backblech und füllen Sie die festere Granola in eine rechteckige Backform und drücken diese gut fest.
8. Schieben Sie das Backblech auf der untersten Schiene in den Ofen und backen Sie alles für ca. 18 Minuten.
9. Nach dem Backen können Sie die Kakao-Nibs der losen Granola hinzugeben.

31. Pastete mit Würstchen in Sahne

KH 28 g | EW 29 g | F 84 g

Zubereitungszeit: 30 Minuten
Portionen: 4
Schwierigkeitsgrad: leicht

Zutaten:

- 1 gehackte Zwiebel
- 50 g Butter
- 1 - 2 Karotten, geschält und geschnitten
- 3 EL Mehl
- 100 ml Weißwein
- 400 ml Fleischbrühe
- 150 ml Sahne
- Salz, Pfeffer
- 600 g Bratwürstchen, kleingeschnitten
- 1 Bund Schnittlauch, geschnitten
- 8 Blätterteig Pasteten

Zubereitung:

1. Heizen Sie den Backofen auf 160 °C vor.
2. Dünsten Sie die Zwiebeln in der Butter bis sie glasig sind und geben Sie die Karotten zu.
3. Mischen Sie das Mehl ein und löschen Sie alles mit dem Weißwein und der Brühe ab.
4. Lassen Sie die Sauce unter ständigem Rühren aufkochen und anschließend auf kleiner Flamme ca.5 - 10 Minuten köcheln.
5. Geben Sie dann die Sahne und die klein geschnittenen Würstchen unter und lassen sie es nochmal aufkochen.
6. Vor dem Servieren rühren Sie den Schnittlauch ein.
7. Die Pasteten kommen nun für gut 5 - 10 Minuten in den Ofen und können anschließend, auf dem Teller stehend serviert werden.

32. Geflügelpastete

KH 53 g | EW 67 g | F 46 g

Zubereitungszeit: 90 Minuten
Portionen: 4 - 6
Schwierigkeitsgrad: mittel

Zutaten:

- 500 - 600 g Butterblätterteig
- 1 Ei, getrennt
- 1 EL Sahne

- 50 g Sultaninen
- 2 - 3 EL Cognac oder Apfelsaft
- 500 g Kalbfleisch
- Butter
- Salz, Pfeffer
- 400 g Champions
- 1 Zwiebel, gehackt
- 50 g Butter
- 4-5 EL Mehl
- 200 ml Weißwein oder Apfelsaft
- 600 ml Fleischbrühe
- 1 Lorbeerblatt
- 2 Nelken
- 200 g Kalbsbrät
- 200 g Schweinsbrät

Gebackenes

Zubereitung:

1. Rollen Sie ca. 200 g Blätterteig rund aus und schneiden Sie einen Kreis mit 22 cm Durchmesser aus. Ein Teller kann ihnen helfen.
2. Rollen Sie nun den restlichen Teig auch rund aus und schneiden Sie einen Kreis mit 30 cm Durchmesser aus. In der Mitte wird ein Einfüllloch von 6 cm Durchmesser eingeritzt und dort ein Luftloch ausgestochen.
3. Legen Sie den kleinen Kreis auf ein mit Backpapier belegtes Blech und bestreichen Sie den Rand mit Eiweiß und legen Sie eine Seidenpapierkugel in die Mitte des Teiges.
4. Legen Sie den großen Blätterteigkreis über die Seidenkugel auf den anderen Teig und drücken Sie die beiden Teigkreise an den Rändern zusammen. Schneiden Sie den überstehenden Teig ab.
5. Bestreichen Sie den Teig mit der Eigelb-Sahne-Mischung und stechen sie aus den anderen Teigresten Garnituren für den Pastetendeckel aus.
6. Nochmals mit Ei bestreichen und 15 Minuten kaltstellen.
7. Heizen Sie in der Zeit den Ofen auf 160 °C Umluft vor.
8. Backen Sie dann die Pastete für ca. 30 - 40 Minuten.
9. Schneiden Sie nach dem Backen vorsichtig den eingeritzten Deckel aus und entfernen Sie vorsichtig das Seidenpapier aus dem Inneren der Pastete.
10. Legen Sie die Sultaninen im Cognac ein und braten Sie das kleingeschnittene Fleisch kurz an und würzen Sie es mit Salz und Pfeffer.
11. Dünsten Sie die in Scheiben geschnittenen Champignons und die gehackten Zwiebeln und geben Sie das Mehl hinzu und rösten es kurz mit. Geben Sie den Weißwein und die Brühe hinzu und lassen Sie die Sauce unter Rühren aufkochen.
12. Geben Sie die Gewürze, die Sultaninen und aus dem Brät geformte Kugeln hinzu und lassen Sie sie in der Sauce für 5 - 10 Minuten ziehen.
13. Geben Sie das angebratene Fleisch hinzu und erhitzen Sie alles noch einmal.
14. Erwärmen Sie die Pastete bei 100 °C für ca. 15 Minuten im Ofen. Dann stellen Sie sie in eine tiefe Platte und befüllen sie mit der Fleischfüllung. Deckel darauf und sofort servieren.

33. Dampfnudeln mit Vanillesauce

KH 70 g | EW 17 g | F 42 g

Zubereitungszeit: 2 Stunden 40 Minuten
Portionen: 4
Schwierigkeitsgrad: mittel
Zutaten:

- 225 g Mehl
- ½ TL Salz
- 2 EL Zucker
- 10 g frische Hefe
- 100 ml lauwarme Milch
- 30 g flüssige Butter
- 1 Ei
- 100 ml Milch
- 100 ml Sahne
- 2EL Zucker
- ½ Päckchen Vanillezucker
- 1 EL Maisstärke
- 500 ml Milch
- 100 ml Sahne
- 1 Ei
- 2 Eigelb
- 1 Vanilleschote

Zubereitung:

1. Mischen Sie das Mehl, das Salz und den Zucker und formen Sie darin eine Mulde.
2. In der Mulde mischen Sie die zerbröckelte Hefe mit der warmen Milch und geben anschließend auch das Ei und die flüssige Butter hinzu.
3. Verrühren Sie alles zu einem Teig und „klopfen" Sie ihn bis er glatt ist und blasen schlägt.
4. Decken Sie den Teig mit einem Tuch zu und lassen Sie ihn an einen warmen Ort gehen bis er das doppelte seines Volumens angenommen hat, ca. 50 - 60Minuten.
5. Verrühren Sie die Milch, die Sahne und beide Zucker miteinander und gießen sie die Hälfte davon in die ausgebutterte Auflaufform.
6. Nehmen Sie 6 - 7 große Klöße mit 2 Löffeln vom Teig ab und geben Sie diese in die Auflaufform und lassen sie alles wieder für 20 - 30 Minuten zugedeckt gehen.
7. Heizen Sie den Ofen auf 200 °C vor und geben Sie dann die Dampfnudeln für 30 - 35 Minuten in den Ofen.
8. Zerteilen Sie die Dampfnudeln und gießen Sie den Rest des Gusses hinzu. Nochmals für 5 Minuten backen.
9. Rühren Sie die Maisstärke mit etwas Milch glatt und stellen Sie den Rest mit der Sahne, der Vanilleschote und dem Zucker zum Kochen auf den Herd.
10. Wenn es kocht, rühren Sie erst die Maisstärke unter und anschließend rühren Sie vorsichtig die heiße Milch in die verquirlten Eier und Eigelbe. Zu den Dampfnudeln servieren.

Menüs

Notizen:______________________

Notizen:______________________

Notizen:______________________

Notizen:______________________

Notizen:______________________

Notizen:______________________

34. Gefüllte Hähnchenbrust mit Parmaschinken

KH 68 g | EW 228 g | F 98 g

Zubereitungszeit: 25 Minuten
Portionen: 3
Schwierigkeitsgrad: leicht

Zutaten:

- 3 Hähnchenbrustfilets (à 200 g)
- 100 g TK Spinat
- 50 g Parmesan, gerieben
- 4 EL Semmelbrösel
- 9 Scheiben Parmaschinken
- 1 Zwiebel
- 200 ml Sahne
- 500 g gemischte Pilze
- 1 Knoblauchzehe
- ½ Bund Thymian
- 100 ml Weißwein

Zubereitung:

1. Heizen Sie den Backofen auf 220 °C Umluft vor.
2. Lassen Sie den Spinat auftauen und drücken Sie das Wasser aus und mischen Sie den Parmesan und die Semmelbrösel unter.
3. Hähnchenbrustfilets auf einem Brett etwas platt drücken und seitlich eine Tasche einschneiden.
4. Füllen Sie die Taschen mit der Spinatfüllung und umwickeln Sie die Filets mit jeweils 3 Scheiben Schinken.
5. Legen Sie die Hähnchenbrüste in eine Auflaufform und garen Sie diese 10 Minuten im Ofen.
6. Vierteln Sie die Pilze und schneiden Sie die Zwiebel und den Knoblauch in feine Würfel.
7. Geben Sie alles zu dem Hähnchen in die Auflaufform und lassen sie es weitere 10 Minuten im Ofen.
8. Geben Sie zum Schluss den Weißwein, die Sahne und den Thymian hinzu und lassen Sie alles noch weitere 5 Minuten schmoren.

35. Ofenhähnchen

KH 105 g | EW 147 g | F 31 g

Zubereitungszeit: 20 Minuten
Portionen: 2
Schwierigkeitsgrad: leicht

Zutaten:

- 2 Hähnchenbrustfilets
- 1 rote Paprika
- 1 gelbe Paprika
- 1 kleine Zucchini
- 1 rote Zwiebel
- 300 g Brokkoli
- 2 Tomaten
- 2 EL Oliven
- 1 TL Kräuter der Provence
- ½ TL Paprikapulver
- 100 g Nudeln
- 50 g geriebener Parmesan
- Salz, Pfeffer

Zubereitung:

1. Heizen Sie den Backofen auf 220 °C Umluft vor und legen Sie ein Backblech mit Alufolie aus.
2. Schneiden Sie die Hähnchenbrust in Stücke und würfeln Sie die Paprika und die Zucchini.
3. Schneiden Sie die Zwiebel in feine Ringe, die Tomate in Stücken und von dem Brokkoli die Röschen ab.
4. Vermengen Sie das Hähnchen mit dem Gemüse und würzen Sie es mit den Kräutern, dem Paprikapulver, Salz und Pfeffer.
5. Verteilen Sie alles auf dem vorbereiteten Backblech und geben Sie es für 20 Minuten in den Ofen.
6. Kochen Sie in der zwischen Zeit die Nudeln nach Packungsanweisung und geben Sie diese später zu dem Hähnchen und dem Gemüse.
7. Zum Schluss bestreuen Sie alles mit dem Parmesan.

36. Bacon-Hähnchen mit Guacamole-Füllung

KH 24 g | EW 129 g | F 32 g

Zubereitungszeit: 15 Minuten
Portionen: 2
Schwierigkeitsgrad: leicht

Zutaten:

- 2 Hähnchenbrustfilets
- 10 Scheiben Bacon
- Salz, Pfeffer
- 1 Avocado
- 2 TL Limettensaft
- 1 Schalotte
- 1 Bund Petersilie
- 100 g Kirschtomaten

Zubereitung:

1. Heizen Sie den Backofen auf 170 °C vor und belegen Sie ein Backblech mit Backpapier.
2. Nehmen Sie das Fruchtfleisch aus der Avocado zerdrücken Sie es und mischen Sie es mit der gewürfelten Zwiebel, der gehackten Petersilie, dem Limettensaft und den klein gewürfelten Tomaten.
3. Plattieren Sie die Hähnchenbrust etwas und schneiden Sie an der Seite eine Tasche hinein.
4. Geben Sie nun 1 - 2 EL der Guacamole in das Hähnchen. So viel das man es noch gut schließen kann.
5. Umwickeln Sie nun die Brust mit dem Bacon.
6. Braten Sie nun das Hähnchen rundum einmal heiß an und legen Sie es anschließend für ca. 10 Minuten in den Ofen.

37. Hähnchen-Pistazien-Sticks mit Hummus

KH 59 g | EW 145 g | F 113 g

Zubereitungszeit: 15 Minuten
Portionen: 2
Schwierigkeitsgrad: leicht

Zutaten:

- 200 g Hummus
- 400 g Hähnchenbrustfilets
- 2 EL Mayonnaise
- Salz, Pfeffer, Paprikapulver, Kurkuma, Kreuzkümmel
- 150 g Pistazien, geröstet und gesalzen

Zubereitung:

1. Heizen Sie den Backofen auf 200 °C Umluft vor und belegen Sie ein Backblech mit Backpapier.
2. Verrühren Sie die Mayonnaise mit den Gewürzen und schneiden Sie das Hähnchen in zwei Finger breite Streifen. Marinieren Sie das Hähnchen in der Mayonnaise.
3. Hacken Sie die Pistazien klein und wälzen Sie die Hähnchenstreifen darin bis sie gut ummantelt sind.
4. Legen Sie das Hähnchen auf das Backblech und schieben Sie es für ca. 15 Minuten in den Ofen.
5. Breiten Sie in der Zeit den Hummus zu und servieren Sie ihn zu dem Hähnchen.

38. Hähnchen mit Tortilla-Kruste

KH 18 g | EW 120 g | F 24 g

Zubereitungszeit: 20 Minuten
Portionen: 2
Schwierigkeitsgrad: leicht

Zutaten:

- 2 Hähnchenbrustfilets
- 2 EL Salsa-Sauce
- 4 EL geriebener Emmentaler
- 10 Tortilla Chips
- ½ Bund Koriander
- Salz

Zubereitung:

1. Heizen Sie den Ofen auf 220 °C Umluft vor und belegen Sie ein Backblech mit Backpapier.
2. Zerbröseln Sie die Tortilla Chips und hacken Sie den Koriander. Mischen Sie beides in einer Schüssel.
3. Legen Sie die Hähnchenbrüste auf das Backblech, bestreichen Sie diese mit der Salsa-Sauce und geben Sie den Emmentaler, sowie die Tortilla-Koriander-Mischung drüber.
4. Schieben Sie das Blech für 15 - 20 Minuten in den Ofen.

39. Spinat-Hasselback-Hähnchen

KH 9 g | EW 258 g | F 102 g

Zubereitungszeit: 15 Minuten
Portionen: 4
Schwierigkeitsgrad: leicht

Zutaten:

- 4 Hähnchenbrustfilets
- 500 g frischer Spinat oder 250 TK
- 1 Zwiebel
- 1 EL Öl
- 100 g Frischkäse
- 2 TL Zitronensaft
- 50 g geriebener Parmesan
- 100 g geriebener Gouda
- Muskat, Paprikapulver, Salz, Pfeffer

Zubereitung:

1. Heizen Sie den Backofen auf 180 °C Umluft vor und belegen Sie ein Backblech mit Backpapier.
2. Würfeln Sie die Zwiebel und den Knoblauch und dünsten Sie beides in einer Pfanne glasig.
3. Geben Sie den Spinat nach und nach hinzu bis alles in der Pfanne zusammengefallen ist.
4. Würzen Sie den Spinat mit den Gewürzen und geben Sie den Frischkäse, den Zitronensaft und den Parmesan unter.
5. Legen Sie die Hähnchenbrüste auf das Backblech und schneiden Sie diese sechsmal ein.
6. Geben Sie in jede kleine Tasche 1 EL Spinat und streuen Sie den Gouda drüber.
7. Schieben Sie nun das Backblech für 15 Minuten in den Ofen.

40. Lach-Brotsalat aus dem Ofen

KH 149 g | EW 214 g | F 149 g

Zubereitungszeit: 20 Minuten
Portionen: 4
Schwierigkeitsgrad: leicht

Zutaten:

- 1 kg Lachs
- 5 EL Öl
- 400 g Kirschtomaten
- 2 Knoblauchzehen
- 1 Zitrone
- 2 EL Kapern
- 1 Bund Petersilie
- ½ TL rote Pfefferkörner
- 1 Ciabatta
- Salz, Pfeffer

Zubereitung:

1. Heizen Sie den Ofen auf 220 °C vor.
2. Zerpflücken Sie das Ciabatta grob und geben Sie es mit dem Öl in eine Auflaufform.
3. Bräunen Sie das Ciabatta 5 Minuten im Ofen.
4. Halbieren Sie die Tomaten und schneiden Sie den Knoblauch in Scheiben.
5. Achteln Sie die Zitrone und hacken Sie die Petersilie grob einmal durch und vermengen Sie alles in einer Schüssel.
6. Geben Sie die Kapern hinzu und würzen Sie mit Pfeffer.
7. Geben Sie alles zu dem Brot in die Auflaufform und mischen Sie es gut durch.
8. Nochmal 10 Minuten rösten und dann den in Würfeln geschnittenen Lachs dazugeben.
9. Nach weiteren 5 Minuten sind Sie fertig.

41. Wasabilachs mit Pak Choi und Shiitakepilzen

KH 35 g | EW 160 g | F 103 g

Zubereitungszeit: 15 Minuten
Portionen: 4
Schwierigkeitsgrad: leicht

Zutaten:

- 60 g Mayonnaise
- 1 Stück Ingwer
- 2 Knoblauchzehen
- 800 g Lachfilet
- 700 g Pak Choi
- 150 g Shiitakepilze
- 1 TL Wasabipaste
- Olivenöl
- Salz, Pfeffer

Zubereitung:

1. Heizen Sie den Ofen auf 220 °C vor.
2. Waschen Sie den Pak Choi und vierteln Sie ihn.
3. Schälen Sie den Ingwer und reiben Sie ihn fein.
4. Hacken Sie den Knoblauch klein und schneiden Sie den Lachs in gleich große Stücke.
5. Mischen Sie den Pak Choi mit etwas Öl, die Hälfte vom Ingwer und Knoblauch, Salz und Pfeffer und verteilen Sie alles auf einem tiefen Backblech oder einer Auflaufform.
6. Salzen und pfeffern Sie die Lachsfilets und legen Sie diese auf den Pak Choi.
7. Stellen Sie das Blech nun in den Ofen für 12 Minuten und wenden Sie ab und zu das Gemüse.
8. Vermengen Sie nun die Mayonnaise mit dem Wasabi, den restlichen Knoblauch und Ingwer sowie Salz und Pfeffer. Servieren Sie die Sauce zum Lachs.

42. Gefüllte Paprika mit Thunfisch

KH 62 g | EW 102 g | F 129 g

Zubereitungszeit: 15 Minuten
Portionen: 4
Schwierigkeitsgrad: leicht

Zutaten:

- 2 gelbe Paprika
- 2 rote Paprika
- 300 g Thunfisch aus der Dose
- 50 g Kapern
- 70 g Oliven
- 1 Bund Basilikum
- 4 EL Parmesan
- 4 EL Mayonnaise
- 4TL Paniermehl
- 2 TL Oregano

Zubereitung:

1. Heizen Sie den Ofen auf 200 °C Grillfunktion vor und belegen Sie ein Backblech mit Backpapier.
2. Schneiden Sie die oberen Hälften der Paprika ab und entkernen Sie diese. Nun kochen Sie die Paprika in Salzwasser weich und lassen sie anschließend auskühlen und abtropfen.
3. Hacken Sie das Basilikum fein und schneiden Sie die Oliven in Ringe.
4. Lassen Sie die Kapern und den Thunfisch abtropfen und geben Sie alles zusammen mit der Mayonnaise, 2 EL Parmesan, Salz und Pfeffer in eine Schüssel und vermengen Sie es.
5. Füllen Sie die Paprika mit der Thunfisch-Masse und geben Sie das Paniermehl, den restlichen Parmesan und den Oregano oben drüber.
6. Zum Schluss die gefüllten Paprika im Ofen 5 Minuten grillen.

43. Lachsfilet im Speckmantel

KH 13 g | EW 103 g | F 83 g

Zubereitungszeit: 10 Minuten
Portionen: 2
Schwierigkeitsgrad: leicht

Zutaten:

- 250 g Lachsfilet / 2 Stück
- 100 g Bacon
- 200 g Brokkoli
- 150 g Zucchini
- 150 g Champignons
- 1 Zwiebel
- 150 g Feta
- 2 EL Öl
- Paprikapulver, Salz, Pfeffer

Zubereitung:

1. Vierteln Sie die Zucchini und schneiden Sie diese und die Champignons in dünne Scheiben.
2. Schneiden Sie die Zwiebel in feine Würfel und teilen Sie die Brokkoliröschen ab.
3. Umwickeln Sie den Lachs mit jeweils zwei Scheiben Speck.
4. Braten Sie den Lachs, ohne Öl, von beiden Seiten goldbraun an.
5. In einer anderen Pfanne braten Sie das Gemüse mit Öl bis es gar ist aber der Brokkoli noch leicht bissfest.
6. Würzen Sie das Gemüse mit Paprikapulver, Salz und Pfeffer.
7. Streuen Sie den Feta über das Gemüse und servieren sie alles zum Lachs.

44. Gebackener Zitronen-Kabeljau mit Kapern

KH 67 g | EW 87 g | F 27 g

Zubereitungszeit: 25 Minuten
Portionen: 2
Schwierigkeitsgrad: leicht

Zutaten:

- 2 Stück Kabeljau à 200 g
- 100 g Couscous
- 2 TL Kapern
- 1 Zucchini
- 1 rote Zwiebel
- 1 rote Paprika
- 1 Bund Petersilie
- 1 Zitrone
- Salz, Pfefferkörner
- 1 EL Butter

Zubereitung:

1. Heizen Sie den Backofen auf 200 °C Umluft vor und bringen Sie 170 ml Wasser zum Kochen.
2. Entkernen Sie die Paprika und schneiden Sie ¾ der Paprika in mundgerechte Stücke und den Rest in feine Würfel.
3. Schneiden Sie die Zwiebel und die Zucchini in größere Stücke.
4. Die Paprika Stücke, die Zucchini und die Zwiebel schwenken Sie kurz mit etwas Öl an und würzen diese mit Salz und Pfeffer.
5. Verteilen Sie das Gemüse auf dem Backpapier und backen Sie es für 20 Minuten im Ofen.
6. Geben Sie ½ TL Salz und 1 TL Öl in das kochende Wasser und übergießen Sie damit den Couscous. Decken Sie ihn ab und lassen ihn quellen.
7. Reiben Sie die Zitronenschale ab und pressen Sie den Saft aus.
8. Schmelzen Sie nun die Butter in einem Topf und schwenken Sie darin den Zitronensaft, die Zitronenschale und die Kapern an.
9. Legen Sie den Kabeljau auf ein gefettetes Backblech, verteilen Sie die Kapernmischung darauf, würzen Sie alles mit Salz und Pfeffer und schieben Sie das Blech für 10 Minuten in den Backofen.
10. Vermengen Sie den aufgelockerten Couscous mit dem Ofengemüse und geben Sie die gehackte Petersilie sowie die Paprikawürfel unter.
11. Alles zusammen servieren.

45. Herzhafte Arme Ritter

KH 174 g | EW 63 g | F 57 g

Zubereitungszeit: 30 Minuten
Portionen: 2
Schwierigkeitsgrad: leicht

Zutaten:

- 1 Zitrone
- 400 g festkochende Kartoffeln
- 1 g Oregano
- 125 g Mozzarella
- 50 g eingelegte rote Paprika
- ½ kleine Weizenbrot
- 5 g Basilikum
- 20 g Mandeln
- 20 g Rucola
- 100 ml Milch
- 1 Ei

Zubereitung:

1. Heizen Sie den Backofen auf 200 °C Umluft vor.
2. Entsaften Sie die Zitrone und schneiden Sie die Kartoffeln in Wedges.
3. Geben Sie zu den Kartoffeln etwa zwei Esslöffel Öl, Salz und Pfeffer und verteilen Sie die Kartoffeln auf einem tiefen Backblech.
4. Schieben Sie das Blech für 10 Minuten in den Ofen.
5. Anschließend geben Sie den Zitronensaft hinzu und lassen die Kartoffeln nochmals für 10 Minuten im Ofen.
6. Hacken Sie die Paprika und den Oregano grob durch und scheiden Sie den Mozzarella sowie das Brot in Scheiben.
7. Waschen Sie den Rucola und lassen Sie ihn abtropfen oder schleudern Sie ihn trocken.
8. Pürieren Sie die Basilikumblätter mit dem Öl und den Mandeln und schmecken Sie das Pesto mit Salz und Pfeffer ab.
9. Verrühren Sie das Ei und die Milch in einem flachen Teller und geben Sie das Brot hinein.
10. Warten Sie bis alles aufgesaugt ist und wenden Sie das Brot zwischen drin einmal.
11. Beschmieren Sie das Brot mit dem Pesto und belegen Sie es mit der Paprika, dem Rucola und dem Mozzarella.
12. Braten Sie das Sandwich von jeder Seite für ca. 3 Minuten an, sodass das Brot schön braun wird und der Mozzarella schmilzt. Servieren Sie die Kartoffelspalten mit Oregano zum Sandwich.

46. Schinken an Madeira-Sauce

KH 56 g | EW 100 g | F 164 g

Zubereitungszeit: 40 Minuten
Portionen: 4
Schwierigkeitsgrad: leicht

Zutaten:

- 16 Tranchen Schinken, 350 g
- 600 ml Sahne
- 1 EL Maisstärke
- 150 g Tomatenmark
- 3 - 4 EL Madeira oder Apfelwein, alkoholfrei
- 1 - 2 EL gehackte Petersilie.

Zubereitung:

1. Heizen Sie den Ofen auf 200 °C Umluft vor.
2. Rollen Sie den Schinken auf und legen Sie ihn in eine vorbereitete Auflaufform.
3. Verrühren Sie die restlichen Zutaten und geben Sie die Sauce über den Schinken.
4. Stellen Sie nun die Form für 25 Minuten zum Gratinieren in den Ofen.
5. Dazu passen Nudeln, Reis oder Salat.

47. Apfelrotkohl mit Kartoffelpüree-Haube

KH 279 g | EW 41 g | F 59 g

Zubereitungszeit: 90 Minuten
Portionen: 4 - 6
Schwierigkeitsgrad: mittel

Zutaten:

- 250 g Äpfel
- 600 g Rotkohl
- 1 Zwiebel
- 20 g Öl
- 40 g Zucker
- ½ TL Salz
- 120 ml Rotwein
- 200 ml Wasser
- 2 EL Kirschmarmelade
- 1 kg mehlig kochende Kartoffeln
- 300 ml Milch
- ¾ TL Salz
- 30 g Butter

Zubereitung:

1. Schneiden Sie den Rotkohl, die Äpfel und die Zwiebel klein und geben Sie alles zusammen mit dem Zucker, dem Wasser, dem Wein und ½ TL Salz in einen Kochtopf zum Kochen.
2. Kochen Sie den Rotkohl gut 60 Minuten bis er zusammengefallen ist und weicher geworden ist.
3. In der Zwischenzeit, schälen Sie die Kartoffeln und schneiden Sie diese klein.
4. Setzen Sie die Kartoffel bedeckt von Salzwasser auf den Herd zum Kochen.
5. Wenn diese gar sind, kippen Sie das Wasser ab und geben Sie die Milch das restliche Salz und die Butter dazu und zerstampfen alles zu einem Püree.
6. Wenn der Rotkohl fertig ist, rühren Sie die Marmelade unter.
7. Heizen Sie den Backofen auf 180 °C Umluft vor.
8. Geben Sie den Rotkohl in eine Auflaufform und verteilen Sie das Kartoffelpüree vorsichtig oben auf.
9. Backen Sie nun alles für ca. 25 - 30 Minuten.

48. Australische Fleischpasteten

KH 58 g | EW 36 g | F 38 g

Zubereitungszeit: 2 Stunden und 40 Minuten
Portionen: 4
Schwierigkeitsgrad: mittel

Zutaten:

- 125ml Milchwasser (halb Milch, halb Wasser)
- 100 g Butter
- 300 g Mehl
- ½ TL Salz

- 500 g Rindfleisch, in 1,5 cm Stücke geschnitten
- 50 g Speckwürfel
- 1 Zwiebel, gewürfelt
- 100 ml Rotwein
- 150 ml Fleischbrühe
- 1 EL Worcestershiresauce
- Pfeffer, Salz
- 1 EL Maisstärke
- 1EL Wasser
- ½ Bund Petersilie, gehackt
- Milch zum bestreichen

Zubereitung:

1. Kochen Sie das Milchwasser auf und lösen Sie darin die Butter auf.
2. Mischen Sie Mehl und Salz, geben Sie die Flüssigkeit hinzu und verkneten Sie alles zu einem Teig. Anschließend in den Kühlschrank stellen.
3. Braten Sie das Fleisch scharf an und nehmen Sie es anschließend wieder aus der Pfanne.
4. Nun braten Sie den Speck und die Zwiebeln an und geben dann das Fleisch wieder zurück in die Pfanne.
5. Löschen Sie das Fleisch mit dem Wein und der Brühe ab. Würzen Sie anschließend alles mit der Worcestershiresauce und Pfeffer. Lassen Sie das Fleisch für eine Stunde auf kleiner Flamme und mit Deckel schmoren.
6. Mischen Sie die Maisstärke mit dem Wasser und geben Sie es zu dem Fleisch. Lassen Sie es 2 - 3 Minuten Kochen und anschließend bei Seite stellen und auskühlen lassen.
7. Heizen Sie den Ofen auf 180 °C vor.
8. Rollen Sie den Teig auf wenig Mehl ca. 3 - 4mm dick aus und stechen Sie vier Kreise mit einem Durchmesser von 16 cm aus und legen Sie damit die kleinen gebutterten Förmchen aus.
9. Befüllen Sie die Förmchen mit dem Fleisch und etwas Sauce.
10. Rollen Sie den restlichen Teig aus und stechen Sie nun vier Kreise mit dem Durchmesser von 12 cm aus. Schneiden Sie ein Kreuz in die Mitte des Kreises
11. Bepinseln Sie die Ränder mit etwas Milch und legen Sie den kleinen Kreis als Deckel auf die Füllung und drücken Sie die Ränder fest.
12. Bepinseln Sie die Pasteten mit Milch und stellen Sie diese in den Ofen für 40 - 45 Minuten.
13. Reichen Sie die restliche Sauce extra.

49. Mediterranes Sauerkraut

KH 267 g | EW 67 g | F 62 g

Zubereitungszeit: 50 Minuten
Portionen: 4-6
Schwierigkeitsgrad: leicht

Zutaten:

- 800 g Sauerkraut
- 3 Zwiebeln
- 150 g getrocknete Tomaten in Öl
- 1 Dose stückige Tomaten
- 140 ml Wasser
- 1 EL Kräuter der Provence
- 10 g Ahornsirup
- 50 g Tomatenmark
- Salz, Pfeffer
- 1,3 kg mehlig kochende Kartoffeln
- 400 ml Milch
- 1 TL Salz
- 50 g Butter

Zubereitung:

1. Schälen und schneiden Sie die Kartoffeln klein und setzen Sie diese mit Salzwasser auf den Herd zum Kochen.
2. Mixen Sie in einem Mixer die Zwiebeln, die getrockneten Tomaten und 25 g von dem Tomatenöl.
3. Geben Sie nun das Sauerkraut mit der Zwiebel-Tomaten-Mischung in einen Topf und fügen Sie die Dosen Tomaten, das Wasser, die Kräuter, das Tomatenmark und den Ahornsirup dazu.
4. Mischen Sie alles gut durch und köcheln sie alles für 20 Minuten auf kleiner Flamme.
5. Wenn die Kartoffeln gar sind, gießen Sie das Wasser ab und geben Sie die Milch, das Salz und die Butter hinzu und Stampfen Sie alles gut durch.
6. Servieren Sie beides zusammen.

Perfekte gesunde Beilagen

Notizen:______________________

Notizen:______________________

Notizen:______________________

Notizen:______________________

Notizen:______________________

Notizen:______________________

50. Quinoa

KH 80 g | EW 16 g | F 8 g

Zubereitungszeit: 20 Minuten
Portionen: 2
Schwierigkeitsgrad: leicht

Zutaten:

- 125 g Quinoa
- 2,5 fache Menge Wasser, also 325ml
- Salz

Zubereitung:

1. Waschen Sie den Quinoa unter heißem Wasser damit die Bitterstoffe ausgeschwemmt werden.
2. Geben Sie den Quinoa in das kochende Wasser und lassen sie alles für ca. 15 - 20 Minuten leicht köcheln, bis das ganze Wasser aufgesogen wurde.
3. Rühren Sie zwischen drin öfter mal durch.

51. Brauner Reis

KH 94 g | EW 18 g | F 1 g

Zubereitungszeit: Einweichen 45 - 60 Minuten, kochen 30 - 50 Minuten
Portionen: 2
Schwierigkeitsgrad: leicht

Zutaten:

- 125 g braunen Reis
- 400 ml Wasser
- Salz

Zubereitung:

1. Weichen Sie den Reis in Wasser ein. Das löst schon mal die äußeren Schichten und der Reis wird später weicher.
2. Schütten Sie das Wasser weg und geben Sie den Reis in einen Topf mit einem Deckel, der gut schließt.
3. Geben Sie mindestens das 2,5 fache an Wasser hinzu und schließen Sie den Deckel.
4. Bringen Sie den Reis schnell zum Kochen und verringern Sie anschließend die Hitze auf ein Minimum sodass der Reis nur noch leicht köchelt.
5. Kochen Sie den Reis etwa 30 - 50 Minuten, sodass er weich ist und die Wassermenge komplett aufgesogen. Lass den Reis danach noch 5 Minuten stehen damit er zur Ruhe kommt und lockere ihn mit einer Gabel etwas auf.

52. Linsen

KH 51 g | EW 29 g | F 2 g

Zubereitungszeit: Große Linsen: 60 Minuten,
Kleine Linsen: 20 Minuten,
geschälte Linsen: 10 - 15 Minuten
Portionen: 2
Schwierigkeitsgrad: leicht

Zutaten:

- 125 g rote Linsen
- 250 g Wasser
- ohne Salz werden die Linsen weicher

Zubereitung:

1. Geben Sie die Linsen in ein Topf und geben Sie das Wasser hinzu.
2. Lassen Sie nun alles 10 - 15 Minuten köcheln und rühren sie gelegentlich um.
3. Wenn die Linsen weich sind, gießen Sie das Wasser ab.

Lasagne, Auflauf, Gratin

Notizen:________________________

Notizen:________________________

Notizen:________________________

Notizen:________________________

Notizen:________________________

Notizen:________________________

53. Zucchini-Lasagne

KH 112 g | EW 109 g | F 99 g

Zubereitungszeit: 35 Minuten
Portionen: 2
Schwierigkeitsgrad: leicht

Zutaten:

- 400 g Zucchini
- 300 g Mozzarella
- 500 g passierte Tomaten
- 1 Bund Basilikum
- 30 g Parmesan
- 30 g Pinienkerne
- 30 g Semmelbrösel
- 150 g Kirschtomaten
- 1 TL Oregano
- 2 Knoblauchzehen
- Olivenöl, Salz, Pfeffer

Zubereitung:

1. Heizen Sie den Backofen auf 220 °C Umluft vor.
2. Würfeln Sie die Zwiebel und den Knoblauch, halbieren Sie die Tomaten und schneiden Sie die Zucchini längs in Streifen.
3. Schneiden Sie ¾ des Mozzarellas in dünne Scheiben und den Rest in Würfel.
4. Braten Sie die Zwiebeln und den Knoblauch an und geben Sie dann die passierten Tomaten, etwas Salz, den Oregano und etwas Pfeffer hinzu. Lassen Sie alles 5 Minuten köcheln.
5. Braten Sie nun in einer anderen Pfanne die Zucchini von allen Seiten kurz an.
6. Bedecken Sie den Boden der Auflaufform mit etwas Tomatensauce und schichten Sie die Zucchini, den Mozzarella, ein paar Pinienkerne, ein paar Basilikumblätter und etwas Parmesan.
7. Wiederholen Sie das Ganze noch einmal und verteilen Sie am Ende die Sauce, den Parmesan und die Semmelbrösel oben auf.
8. Garen Sie alles für 15 Minuten im Backofen.
9. In der zwischen Zeit vermengen Sie die restlichen Basilikumblätter, den Mozzarella und die Tomaten. Würzen Sie alles mit Salz, Pfeffer, Zucker und Olivenöl.

54. Schnelle Pfannen Lasagne

KH 140 g | EW 154 g | F 104 g

Zubereitungszeit: 40 Minuten
Portionen: 4
Schwierigkeitsgrad: leicht

Zutaten:

- 500 g Rinderhackfleisch
- 9 Lasagneplatten
- 800 g passierte Tomaten
- 400 g Tomaten, stückig
- 125 g Mozzarella
- 1 große Möhre
- 50 g Knollensellerie
- 2 Zwiebeln
- 2 Knoblauchzehen
- 30 g Tomatenmark
- Salz, Pfeffer, Zucker
- 1 TL Oregano
- 1TL Basilikum
- 3 EL Öl

Zubereitung:

1. Schneiden Sie die Zwiebeln und den Knoblauch in feine Würfel und raspeln Sie die Möhre und den Sellerie grob durch die Reibe.
2. Dünsten Sie alles für 5 Minuten und geben Sie anschließen das Hackfleisch hinzu.
3. Braten Sie alles so lange bis das Fleisch etwas Farbe bekommt und geben Sie dann das Tomatenmark, die Kräuter, Salz und Pfeffer hinzu.
4. Nach kurzem Durchschwenken, geben Sie die passierten und die stückigen Tomaten in die Pfanne.
5. Schmecken Sie alles gut mit Zucker, Salz und Pfeffer ab.
6. Nun brechen Sie die Lasagneplatten in grobe Stücke und rühren diese unter.
7. Kochen Sie alles mit geschlossenem Deckel 15 Minuten. Rühren Sie aber gelegentlich um.
8. Währenddessen vermischen Sie den Frischkäse mit der Sahne und würzen Sie die Sauce mit Salz und Muskatnuss.
9. Rühren Sie die Sauce nach den 15 Minuten unter und verteilen Sie den in dünne Scheiben geschnittenen Mozzarella oben auf.
10. Lassen Sie alles nochmals 5 Minuten mit Deckel köcheln, damit der Mozzarella schmelzen kann.

55. Kartoffel-Nudel-Auflauf

KH 423 g | EW 224 g | F 198 g

Zubereitungszeit: 45 Minuten
Portionen: 6
Schwierigkeitsgrad: leicht

Zutaten:

- 800 g festkochende Kartoffeln
- 350 g kurze Nudeln
- 400 g Erbsen
- 300 g Kochschinken
- 250 g Sahne
- 100 g Crème fraîche
- 4 Eier
- 150 g Emmentaler, gerieben
- 1TL gekörnte Brühe
- Salz, Pfeffer, Muskatnuss

Zubereitung:

1. Heizen Sie den Backofen auf 200 °C Ober-/Unterhitze vor und stellen Sie einen großen Kochtopf mit Salzwasser zum Kochen auf den Herd. Geben Sie dort die gekörnte Brühe rein.
2. Schneiden Sie in der Zeit die Kartoffeln in 1 cm große Würfel und sobald das Wasser kocht, geben Sie die Kartoffelwürfel hinein.
3. Nach gut 10 Minuten können Sie die Nudeln hinzugeben und nach Packungsanweisung mitkochen.
4. Vermengen Sie nun die Sahne, das Crème fraîche, die Eier, Salz, Pfeffer und Muskat.
5. Würfeln Sie den Schinken und geben Sie die Erbsen für 3 - 5 Minuten mit in den Topf.
6. Gießen Sie das Wasser ab und füllen Sie die Kartoffel-Nudel-Erbsen Mischung in eine gefettete Auflaufform.
7. Geben Sie die Sauce drüber und mischen Sie alles nochmals durch, sowie würzen Sie es.
8. Zum Schluss verteilen Sie noch den Käse obendrauf und geben Sie alles für ca. 25 Minuten in den Ofen.

56. Blumenkohl Makkaroni Auflauf

KH 229 g | EW 205 g | F 302 g

Zubereitungszeit: 35 Minuten
Portionen: 4
Schwierigkeitsgrad: leicht

Zutaten:

- 1 Blumenkohl
- 300 g kurze Makkaroni
- 200 ml Nudelwasser
- 200 g Crème fraîche
- 200 g Emmentaler, gerieben
- 50 g Parmesan, gerieben
- 300 g Kochschinken, in Würfel
- 2 EL Salz
- Olivenöl
- Muskatnuss, Salz, Pfeffer
- 28 Ritz Cracker
- 4 EL Parmesan, gerieben
- 60 g Butter
- 2 EL Petersilie

Zubereitung:

1. Heizen Sie den Backofen auf 220 °C Ober-/Unterhitze vor und fetten Sie ihre Auflaufform.
2. Zerbröseln Sie die Cracker in einer Küchenmaschine, geben Sie die geschmolzene Butter sowie die 4 EL Parmesan unter und vermischen Sie alles gut miteinander.
3. Stellen Sie nun einen großen Kochtopf mit Salzwasser zum Kochen auf den Herd.
4. Zerteilen Sie den Blumenkohl in Röschen und geben Sie ihn zusammen mit den Nudeln in das kochende Wasser. Rühren Sie zwischen drin mal durch damit die Nudeln nicht am Boden kleben.
5. Geben Sie kurz vor Ende der Kochzeit, ca. 8 Minuten, etwa 200 ml Nudelwasser in Ihre Auflaufform.
6. Gießen Sie nun das Wasser ab und geben Sie die Nudeln und den Blumenkohl in die Auflaufform. Würzen Sie alles kräftig und mischen Sie es gut durch.
7. Rühren Sie dann noch den Emmentaler, den Parmesan, das Crème fraîche und den Schinken unter.
8. Geben Sie die Crackermasse oben drüber und backen Sie den Auflauf für 10 Minuten goldbraun.

57. Kartoffelgratin

KH 148 g | EW 48 g | F 104 g

Zubereitungszeit: 70 Minuten
Portionen: 4
Schwierigkeitsgrad: leicht

Zutaten:

- 800 g mehlig kochende Kartoffeln
- 300 ml Milch
- 300 ml Sahne
- 2 Knoblauchzehen
- 100 g geriebenen Emmentaler
- Salz, Pfeffer, Muskatnuss
- Butter nach belieben

Zubereitung:

1. Heizen Sie den Backofen auf 160 °C Umluft vor.
2. Schneiden oder hobeln Sie die Kartoffeln in dünne Scheiben und schichten Sie die in einer Auflaufform.
3. Mischen Sie die Sahne, die Milch und den ausgedrückten Knoblauch und gießen Sie diese Mischung über die Kartoffeln sodass alle bedeckt sind.
4. Geben Sie die Auflaufform für ca. 50 Minuten in den Ofen.
5. Erhöhen Sie zum Ende hin die Temperatur auf 200 °C und geben Sie den Käse und die Butter in Flocken oben drüber.
6. Lassen Sie den käse für 10 Minuten überbacken.

58. Lasagne

KH 276 g | EW 156 g | F 168 g

Zubereitungszeit: 110 Minuten
Portionen: 4
Schwierigkeitsgrad: leicht

Zutaten:

- 400 g gemischtes Hackfleisch
- 1 Zwiebel, gehackt
- 2 Knoblauchzehen, gehackt
- 60 g Knollensellerie, gerieben
- 1 Karotte, gerieben
- 2 EL Tomatenmark
- 500 g passierte Tomaten
- 150 g Fleischbrühe
- 2 EL gehackte Petersilie
- Salz, Pfeffer, Muskatnuss
- 500 ml Milch
- 2 EL Mehl
- 40 g Butter
- 300 g Lasagneplatten
- 100 g geriebener Gouda

Zubereitung:

1. Braten Sie das Karottenraspel, die Sellerieraspel, die Zwiebelwürfel und die Knoblauchwürfel in einer Pfanne an.
2. Geben Sie das Hackfleisch hinzu und braten Sie bis das Fleisch Farbe bekommt.
3. Braten Sie das Tomatenmark kurz mit und löschen Sie anschließend alles mit den passierten Tomaten und der Brühe ab.
4. Lassen Sie die Bolognese für 30 Minuten köcheln und rühren Sie dann die Petersilie unter.
5. Für die Béchamelsauce rühren Sie die Milch, das Mehl, die Butter, Salz und Pfeffer zusammen und kochen Sie die Mischung unter ständigem Rühren auf.
6. Heizen Sie den Backofen auf 180 °C Umluft vor und buttern Sie Ihre Auflaufform.
7. Schichten Sie nun die Lasagne und beginnen Sie mit der Bolognese, dann die Platten und dann die Béchamelsauce.
8. Wenn Sie alles aufgebraucht haben, verteilen Sie den geriebenen Gouda oben auf und backen Sie die Lasagne für 45 Minuten im Ofen.

59. Hörnchennudel- Auflauf

KH 232 g | EW 168 g | F 124 g

Zubereitungszeit: 70 Minuten
Portionen: 4
Schwierigkeitsgrad: leicht

Zutaten:

- 250 g Hörnchennudeln
- 200 g gewürfelter Schinken
- 300 g Erbsen
- 100 g geriebener Emmentaler
- 3 Eier
- 150 ml Sahne
- 150 ml Milch
- 50 g geriebener Emmentaler, zum Bestreuen
- Salz, Pfeffer, Muskatnuss

Zubereitung:

1. Kochen Sie die Nudeln mit Salzwasser bis sie bissfest sind und heizen Sie den Ofen auf 180 °C Umluft vor.
2. Mischen Sie dann die Erbsen, den Schinken und den Emmentaler unter die Nudeln.
3. Fetten Sie die Auflaufform und füllen Sie alles hinein.
4. Für die Sauce mischen Sie die Eier, die Sahne und die Milch, würzen alles kräftig und gießen Sie die Sauce dann über die Nudeln.
5. Verteilen Sie den Emmentaler über den Nudeln und backen Sie den Auflauf für 30 - 35 Minuten im Ofen.

60. Gratin dauphinoise

KH 120 g | EW 28 g | F 64 g

Zubereitungszeit: 80 Minuten
Portion: 4
Schwierigkeitsgrad: leicht

Zutaten:

- 3 Knoblauchzehen
- 800 g mehlig kochende Kartoffeln
- 300 ml Milch
- 300 ml Sahne
- 100 g Emmentaler
- Salz, Pfeffer, Muskatnuss

Zubereitung:

1. Heizen Sie den Backofen auf 160 °C Umluft vor und fetten Sie die Auflaufform.
2. Pressen Sie den Knoblauch und verteilen Sie diesen auf dem Formboden.
3. Hobeln Sie nun die geschälten Kartoffeln in etwas dickere Scheiben und schichten Sie diese in die Auflaufform.
4. Verrühren Sie die Milch, die Sahne, Salz, Pfeffer sowie Muskatnuss und gießen Sie die Sauce über die Kartoffeln.
5. Verteilen Sie den Käse oben auf und stellen Sie das Gratin für 60 Minuten in den Ofen.

61. Kartoffelauflauf mit Hackfleisch

KH 128 g | EW 124 g | F 104 g

Zubereitungszeit: 80 Minuten
Portionen: 4
Schwierigkeitsgrad: leicht

Zutaten:

- 500 g Rinderhackfleisch
- 1 gehackte Zwiebeln
- 1 Dose gehackte Tomaten
- 100 ml Gemüsebrühe
- 500 g mehlig kochende Kartoffeln
- 25 g Butter
- 4 EL Milch
- Salz, Pfeffer, Muskatnuss

Zubereitung:

1. Braten Sie das Hackfleisch und die Zwiebeln heiß an und sobald das Fleisch Farbe bekommt geben Sie die Dose Tomaten und die Brühe hinzu.
2. Lassen Sie die Hackfleischfüllung für 5 Minuten Köcheln.
3. Nebenbei schälen und schneiden Sie die Kartoffeln klein und bringen Sie diese in einem Topf mit Salzwasser zum Kochen.
4. Heizen Sie nun den Backofen auf 200 °C Umluft vor und füllen Sie die Hackfleischfüllung in eine Auflaufform.
5. Wenn die Kartoffeln weich gekocht sind, gießen Sie das Wasser ab, geben die Butter, die Milch, Salz, Pfeffer und Muskatnuss hinzu und stampfen Sie alles gut durch.
6. Verteilen Sie das Kartoffelpüree auf der Hackfleischfüllung. Ach belieben können Sie Muster mit einer Gabel machen oder aber Sie lassen die Kartoffel Decke glatt.
7. Schieben Sie nun den Auflauf für 30 - 35 Minuten zum Backen in den Ofen.

62. Pasta-Gratin mit Schinken

KH 132 g | EW 140 g | F 96 g

Zubereitungszeit: 35 Minuten
Portionen: 2
Schwierigkeitsgrad: leicht

Zutaten:

- 150 g Nudeln
- 75 g Schinken
- 1 kleine rote Zwiebel
- 75 g Emmentaler, gerieben
- 200 ml Milch oder halb Milch/ halb Sahne
- 2 Eier
- 2EL gehackte Petersilie
- Paprikapulver, Salz, Pfeffer

Zubereitung:

1. Kochen Sie die Nudeln nach Packungsanweisung.
2. Heizen Sie den Ofen auf 200 °C Umluft vor
3. In der zwischen Zeit verrühren Sie die Milch, die Eier mit der Petersilie und schmecken Sie die Sauce kräftig ab.
4. Würfeln Sie den Schinken und schneiden Sie die Zwiebel in feine Ringe.
5. Gießen Sie die Nudeln ab und füllen Sie diese in die Auflaufform.
6. Geben Sie die Schinkenwürfel und die Zwiebelringe dazu und gießen Sie die Form mit der Milchmischung auf.
7. Nun noch den Käse drüber streuen und für 20 - 25 Minuten im Ofen backen.

63. Obwaldener Ofentori

KH 132 g | EW 72 g | F 164 g

Zubereitungszeit: 70 Minuten
Portionen: 4
Schwierigkeitsgrad: leicht

Zutaten:

- 800 g Kartoffeln
- 1 Ei
- 150 ml Sahne
- 20 g Butter
- 50 g geriebenen Emmentaler
- 200 g mageren Speck
- 20 g kalte Butter
- Salz, Pfeffer, Muskatnuss

Zubereitung:

1. Schneiden Sie die Kartoffeln in kleine Stücke und kochen Sie diese in Salzwasser weich.
2. In der zwischen Zeit schneiden Sie den Speck in Streifen.
3. Heizen Sie den Backofen auf 200 °C Umluft vor und buttern Sie die Auflaufform.
4. Wenn die Kartoffeln gar sind, gießen Sie das Wasser ab und stampfen Sie diese mit dem Ei, der Sahne, der Butter und dem Käse gut durch.
5. Würzen Sie das Püree mit Salz, Pfeffer und Muskat und geben Sie es in die Auflaufform.
6. Streichen Sie es mit einer leichten Wölbung glatt und stecken Sie die Speckstreifen ein aber lassen Sie diese noch etwas rausgucken.
7. Verteilen Sie die kalte Butter obendrauf und stellen Sie die Auflaufform für 25 Minuten in den Backofen.

64. Möhren-Lasagne

KH 126 g | EW 54 g | F 161 g

Zubereitungszeit: 50 Minuten
Portionen: 4
Schwierigkeitsgrad: leicht

Zutaten:

- 80 g Gouda gerieben
- 100 g Lasagneplatten, ca. 10 Stück
- 2 Knoblauchzehen, gehackt
- 20 g Öl
- 600 g Möhren, in Stücke geschnitten
- 200 ml Sahne
- 200 ml Milch
- 150 g Schmand
- 1TL italienische Kräuter
- 10 g Tomatenmark
- 2TL Gemüsebrühepulver
- 200 g Kirschtomaten

Zubereitung:

1. Heizen Sie den Backofen auf 180 °C Umluft vor.
2. Geben Sie den Knoblauch, das Öl, die Möhren in kleine Stücke geschnitten, die Sahne, die Milch, den Schmand, die italienischen Kräuter, das Tomatenmark, die Gemüsebrühe in einen Mixer und mixen Sie alles gut durch.
3. Schichten Sie nun in einer Auflaufform, die Sauce und die Lasagneplatten.
4. Fangen Sie mit der Sauce an und hören Sie auch mit der Sauce auf.
5. Halbieren Sie die Kirschtomaten und verteilen Sie diese.
6. Nun noch den gerieben Käse drüber verteilen und für 30 - 40 Minuten in den Ofen.

65. Tortelliniauflauf

KH 646 g | EW 140 g | F 178 g

Zubereitungszeit: 40 Minuten
Portionen: 4
Schwierigkeitsgrad: leicht

Zutaten:

- 60 g geriebener Gouda
- 1 Zwiebel, gehackt
- 1 Knoblauchzehe, gehackt
- 20 g Öl
- 1 Dose stückige Tomaten, 400 g
- 150 g Schmand
- 200 ml Schlagsahne
- 0,5 TL Gemüsebrühepulver
- 1 TL Salz
- 20 g Mehl
- 1 TL italienische Kräuter
- 800 g frische Tortellini
- 2 rote Paprika, gewürfelt
- 200 g Mais
- 12 eingelegte Peperoni in Ringe geschnitten

Zubereitung:

1. Heizen Sie den Ofen auf 180 °C Umluft vor.
2. Schwitzen Sie die Zwiebeln und den Knoblauch in einem Topf an bis es duftet.
3. Geben Sie dann die stückigen Tomaten, die Sahne, den Schmand, das Gemüsebrühepulver, das Salz und das Mehl hinzu, rühren Sie alles gut durch und lassen Sie die Sauce für 6 Minuten leicht köcheln.
4. Füllen Sie die Auflaufform mit den Tortellini, den Paprikawürfeln, dem Mais und den Peperoniringen.
5. Geben Sie die Sauce drüber und mischen Sie alles einmal gut durch.
6. Zum Schluss noch den Käse darüber verteilen und im Ofen für 25 Minuten backen lassen.

66. Gemüse-Nudelauflauf

KH 391 g | EW 120 g | F 129 g

Zubereitungszeit: 60 Minuten
Portionen: 6
Schwierigkeitsgrad: leicht

Zutaten:

- 500 g ungekochte Nudeln
- 1 Zucchini
- 1 kleine Aubergine
- 1 rote Paprika
- 1 Zwiebel
- 1 Knoblauchzehe
- 20 g Öl
- 1 Dose stückige Tomaten, 400 g
- 2 TL Salz
- Kräuter der Provence, Pfeffer
- 2 EL Stärke
- 180 g Frischkäse
- 100 ml Milch
- 750 ml Wasser
- 100 g geriebener Gouda

Zubereitung:

1. Heizen Sie den Ofen auf 180 °C Umluft vor und geben Sie die ungekochten Nudeln in die Auflaufform.
2. Schneiden Sie die Zucchini, die Aubergine und die Paprika in Würfel, mischen Sie diese und geben Sie das Gemüse auf die Nudeln.
3. Schwitzen Sie in einer Pfanne die klein geschnittene Zwiebeln und den klein geschnittenen Knoblauch an.
4. Geben Sie die Tomaten, das Salz, die Kräuter, die Speisestärke, etwas Pfeffer, den Frischkäse, die Milch und das Wasser hinzu und rühren Sie alles gut durch.
5. Lassen Sie die Sauce für 10 Minuten köcheln und geben Sie diese anschließend in die Auflaufform.
6. Zum Schluss noch den Käse drüber streuen und für 40 Minuten in den Backofen.

67. Gyros-Lasagne

KH 140 g | EW 163 g | F 256 g

Zubereitungszeit: 50 Minuten
Portionen: 4
Schwierigkeitsgrad: leicht

Zutaten:

- 400 g fertig gewürztes Gyrosfleisch
- 400 g stückige Tomaten
- 150 g geriebenen Gouda
- 2 Paprika
- 1 rote Zwiebel
- 1 weiße Zwiebel
- 3 Knoblauchzehen
- 200 g Gurke
- 250 g Schmand
- 200 g Sahne
- 1 TL Salz
- Pfeffer
- 9 Lasagneplatten, 100 g
- 200 g Sahne

Zubereitung:

1. Heizen Sie den Ofen auf 180 °C Umluft vor und fetten Sie ihre Auflaufform.
2. Braten Sie das Gyrosfleisch in einer Pfanne an und löschen Sie es mit den stückigen Tomaten ab.
3. Schneiden Sie die rote Zwiebel in Ringe und die weißen Zwiebeln und den Knoblauch hacken Sie klein.
4. Schneiden Sie die Paprika in Würfel und die Gurke in kleine Stifte.
5. Mischen Sie jetzt die weiße Zwiebel, den Knoblauch sowie die Gurke und geben Sie den Schmand, 200 g Sahne, 1 TL Salz und etwas Pfeffer dazu. Vermischen Sie alles gut.
6. Geben Sie nun als erstes die Hälfte des Tzatzikis in die Auflaufform, dann 3 Lasagneplatten, dann die Hälfte des Gyros, dann die Hälfte von den Paprikawürfeln und den Zwiebelringen.
7. Wiederholen Sie das ganze bis am Ende die letzten 3 Lasagneplatten drauf kommen.
8. Geben Sie nun nochmal 200 g Sahne obendrauf und bestreuen Sie alles mit dem geriebenen Käse.
9. Stellen Sie die Gyros-Lasagne nun für 30 - 40 Minuten in den Ofen.

68. Griechischer Hack-Nudelauflauf mit Feta

KH 216 g | EW 176 g | F 180 g

Zubereitungszeit: 60 Minuten
Portionen: 4
Schwierigkeitsgrad: leicht

Zutaten:

- 1 Zwiebel
- 2 Knoblauchzehen
- 3 EL Olivenöl
- 500 g gemischtes Hackfleisch
- 1 EL Tomatenmark
- Salz, Pfeffer, Zimt, Cayennepfeffer, Paprikapulver
- 400 g stückige Tomaten
- 3 TL Gemüsebrühepulver
- 100 ml Milch
- 2 EL Crème fraîche
- 250 g griechische Nudeln
- 2 Stiele Thymian
- 200 g Feta

Zubereitung:

1. Hacken Sie die Zwiebeln und den Knoblauch.
2. Heizen Sie den Ofen auf 180 °C Umluft vor.
3. Braten Sie nun das Hackfleisch an. Wenn es fast ganz durchgebraten ist, geben Sie die Zwiebeln und den Knoblauch sowie etwas Thymian und das Tomatenmark mit dazu.
4. Schwitzen Sie alles kurz an und löschen Sie es mit den Tomaten und dem Brühepulver ab.
5. Rühren Sie nun die Milch und die Crème fraîche unter die Hackmasse und schmecken Sie alles mit den Gewürzen ab.
6. Rühren Sie nun die Nudeln roh unter und geben Sie das Ganze in eine Auflaufform.
7. Verteilen Sie zum Schluss noch den Käse oben drüber und stellen Sie die Form für 30 - 40 Minuten in den Backofen.

69. Brokkoli-Nudelauflauf

KH 200 g | EW 76 g | F 40 g

Zubereitungszeit: 60 Minuten
Portionen: 4
Schwierigkeitsgrad: leicht

Zutaten:

- 500 g Brokkoli
- 200 g Nudeln
- 200 g Kirschtomaten
- 1 kleine Zwiebel
- 20 g Butter
- 30 g Mehl
- 300 ml Gemüsebrühe
- 200 ml Milch
- 100 g geriebenen Gouda
- Salz, Pfeffer, Muskatnuss, Zucker

Zubereitung:

1. Stellen Sie einen Topf mit Salzwasser auf den Herd und lassen Sie es aufkochen.
2. Geben Sie die Brokkoliröschen hinein und garen Sie diese für 8 Minuten.
3. Anschließend geben Sie in denselben Topf die Nudeln und kochen diese nach Packungsanweisung.
4. Heizen Sie den Backofen auf 175 °C Umluft vor und hacken Sie die Zwiebeln.
5. Halbieren Sie die Kirschtomaten und gießen Sie die Nudeln in ein Sieb ab.
6. Schwitzen Sie nun in dem Topf die Zwiebeln in der Butter an, geben dann das Mehl hinzu und schwitzen es kurz mit.
7. Löschen Sie alles mit der Brühe und der Milch ab und lassen Sie die Sauce unter Rühren wieder aufkochen.
8. Jetzt noch den ¾ des Käses unterrühren und mit den Gewürzen abschmecken.
9. Vermengen Sie nun alles in einer Auflaufform und geben Sie den restlichen Käse drüber.
10. Stellen Sie den Nudelauflauf für 30 Minuten in den Ofen.

70. Schnitzel-Hack-Auflauf

KH 32 g | EW 240 g | F 200 g

Zubereitungszeit: 165 Minuten
Portionen: 4
Schwierigkeitsgrad: leicht

Zutaten:

- 400 g Champignons
- 2 Zwiebeln
- 600 g Schweineschnitzel
- 200 g Sahne
- 200 g Ajvar
- 4 EL Öl
- 300 g gemischtes Hackfleisch
- 100 g Gouda, gerieben
- 20 g gehackte Petersilie
- Salz, Pfeffer

Zubereitung:

1. Würfeln Sie die Zwiebeln und vierteln sie die Champignons.
2. Halbieren Sie die Schnitzel und legen Sie diese in eine gefettete Auflaufform.
3. Heizen Sie den Ofen auf 150 °C Umluft vor und mischen Sie die Sahne mit dem Ajvar und 75ml Wasser.
4. Braten Sie nun das Hackfleisch in einer Pfanne krümelig geben Sie die Zwiebeln und die Pilze hinzu und würzen Sie alles kräftig.
5. Löschen Sie die Pfanne mit der Sauce ab und lassen Sie alles einmal aufkochen.
6. Geben Sie nun die Hackmasse über die Schnitzel und stellen Sie die Form für 1,5 Stunden in den Ofen.
7. Nach der Hälfte der Zeit geben Sie den Käse drüber.
8. Wenn der Auflauf fertig ist, streuen Sie noch die Petersilie drauf.

71. Express-Nudelauflauf mit Schinken

KH 60 g | EW 32 g | F 39 g

Zubereitungszeit: 30 Minuten
Portionen: 4
Schwierigkeitsgrad: leicht

Zutaten:

- 150 g roher Schinken
- 150 g geriebener Emmentaler
- 300 g Nudeln
- 150 g Schmand
- 150 ml Milch
- 2 Eier
- Salz, Pfeffer, Muskatnuss

Zubereitung:

1. Stellen Sie einen Topf mit Salzwasser auf den Herd und kochen Sie die Nudeln nach Packungsanweisung.
2. Heizen Sie den Ofen auf 175 °C vor und mischen Sie die Milch, den Schmand, die Eier und die Hälfte des Käses.
3. Gießen Sie die Nudeln ab und geben Sie diese in eine Auflaufform.
4. Geben Sie den Schinken in Streifen geschnitten dazu und rühren Sie einmal um.
5. Mischen Sie jetzt die Sauce drunter und schmecken Sie alles mit den Gewürzen ab.
6. Verteilen Sie den restlichen Käse nun oben auf und geben Sie den Auflauf für 15 Minuten in den Ofen.

72. Hähnchen-Brokkoli-Auflauf mit Reis

KH 75 g | EW 64 g | F 47 g

Zubereitungszeit: 75 Minuten
Portionen: 4
Schwierigkeitsgrad: leicht

Zutaten:

- 700 g Hähnchenbrust
- 1 EL Öl
- 200 g Langkornreis
- 500 g Brokkoli
- 90 g Butter
- 40 g Mehl
- 300 ml Gemüsebrühe
- 300 ml Milch
- 400 g Schmelzkäse
- Salz, Pfeffer
- 80 g Cornflakes

Zubereitung:

1. Kochen Sie den Reis nach Packungsanweisung und braten Sie die Hähnchenbrust an.
2. Teilen Sie den Brokkoli in Röschen und blanchieren sie ihn ca. 2 Minuten im kochenden Wasser.
3. Zupfen Sie das Hähnchen klein und stellen Sie den Brokkoli und den fertigen Reis parat.
4. Für die Béchamelsauce schmelzen Sie 50 g Butter in einem Topf und schwitzen das Mehl darin an.
5. Geben Sie die Brühe und die Milch dazu und lassen sie alles unterrühren aufkochen und für 5 Minuten köcheln.
6. Heizen Sie den Backofen auf 150 °C Umluft vor.
7. Rühren Sie nun den Schmelzkäse in die Sauce und schmecken Sie diese mit Salz und Pfeffer ab.
8. Vermischen Sie nun alle Zutaten bis auf die Cornflakes und geben Sie die Mischung in eine Auflaufform.
9. Zerbröseln Sie die Cornflakes etwas und geben Sie diese zusammen mit der restlichen Butter über den Auflauf.
10. Nun für 35 - 40 Minuten im Ofen backen.

73. Gemüse-Kartoffel-Auflauf

KH 37 g | EW 14 g | F 11 g

Zubereitungszeit: 60 Minuten
Portionen: 4
Schwierigkeitsgrad: leicht

Zutaten:

- 600 g kleine Kartoffel (Drillinge)
- 400 g Brokkoli
- 600 g Blumenkohl
- 300 g Möhren
- 500 ml Gemüsebrühe
- 1 Zwiebel
- 25 g Butter
- 25 g Mehl
- 100 ml Milch
- 50 g Gouda gerieben
- Salz, Zucker, Pfeffer

Zubereitung:

1. Kochen Sie die Kartoffel in Salzwasser gar und trennen Sie beim Brokkoli und beim Blumenkohl die Röschen ab.
2. Schneiden Sie die Möhren in mundgerechte Stücke und kochen Sie die Brühe in einem Topf auf.
3. Geben Sie die Möhren und den Blumenkohl hinzu und kochen Sie beiden mit Deckel für 12 Minuten.
4. Nach 5 Minuten geben Sie den Brokkoli hinzu und kochen ihn mit.
5. Heizen Sie den Ofen auf 175 °C Umluft vor.
6. Wenn die Kartoffeln fertig sind, gießen Sie das Wasser ab und schälen Sie die Kartoffeln.
7. Bei dem fertigen Gemüse fangen Sie 400 ml der Brühe auf.
8. Nun schwitzen Sie die in Würfel geschnittene Zwiebel in einem Topf mit Butter an, geben dann das Mehl hinzu und schwitzen es kurz mit.
9. Löschen Sie die Mehlschwitze mit der Brühe sowie der Milch ab und kochen Sie alles unter Rühren auf.
10. Geben Sie nun 25 g des Käses dazu und schmecken Sie die Sauce mit Salz, Pfeffer und Zucker ab.
11. Füllen Sie nun das Gemüse und die Kartoffeln in eine Auflaufform, geben die Sauce drüber, bestreuen alles mit dem restlichen Käse und stellen den Auflauf für 20 Minuten in den Ofen.

Aus dem Ofen

Notizen:______________________

Notizen:______________________

Notizen:______________________

Notizen:______________________

Notizen:______________________

Notizen:______________________

74. Gebackene Aubergine

KH 168 g | EW 121 g | F 106 g

Zubereitungszeit: 45 Minuten
Portionen: 4
Schwierigkeitsgrad: leicht

Zutaten:

- 4 Auberginen
- 4 EL Öl
- 1 Zwiebel
- 2 Knoblauchzehen
- 300 g Kirschtomaten
- 140 g Babyspinat
- 240 g rote Linsen
- 2 EL Rotweinessig
- 200 g Feta
- 100 g Petersilie
- 2 Zitronen

Zubereitung:

1. Heizen Sie den Backofen auf 200 °C vor und belegen Sie 2 Backbleche mit Backpapier.
2. Halbieren Sie die Aubergine und legen Sie sie mit der Schnittfläche nach oben auf das Backblech.
3. Schneiden Sie ein Rautenmuster in das Fruchtfleisch und reiben Sie es mit Öl ein. Salzen und pfeffern Sie die Auberginen und backen Sie sie für ca. 30 Minuten im Backofen.
4. Während die Auberginen backen, schneiden Sie die Zwiebeln, den Knoblauch und hacken Sie die Petersilie.
5. Die Kirschtomaten werden halbiert und die Linsen gießen sie ab.
6. Reiben Sie die Schale der Zitrone ab und schneiden Sie den Rest in Spalten.
7. Braten Sie die Zwiebeln glasig und geben Sie den Knoblauch hinzu.
8. Geben Sie nun die Kirschtomaten, den Spinat, die Linsen und den Rotweinessig mit in den Topf und lassen sie alles für ca. 4 Minuten köcheln.
9. Würzen Sie das Ganze mit Salz und Pfeffer und geben Sie die Petersilie, den Zitronenabrieb und den zerbröselten Feta hinzu und mischen Sie alles gut durch.
10. Geben Sie die Linsenmischung auf die Aubergine und garnieren Sie sie mit den Zitronenspalten.

75. Gebackener Camembert mit Feigen-Nuss-Topping

KH 161 g | EW 136 g | F 201 g

Zubereitungszeit: 25 Minuten
Portionen: 4
Schwierigkeitsgrad: leicht

Zutaten:

- 2 große Camemberts 500 g
- 8 EL Feigenmarmelade
- 8 frische Feigen oder getrocknet
- 90 g geschälte Pistazien
- 60 g Walnüsse

Zubereitung:

1. Heizen Sie den Backofen auf 200 °C vor und fetten Sie 2 kleine Auflaufformen.
2. Schneiden Sie die Feigen in dünne Scheiben und hacken Sie die Nüsse.
3. Erwärmen Sie die Marmelade kurz und geben Sie die Hälfte davon zu den Feigen und den Nüssen. Mischen Sie alles gut durch.
4. Legen Sie den Camembert in die Auflaufformen und bestreichen Sie ihn mit der anderen Hälfte der Marmelade.
5. Geben Sie das Topping obenauf und backen Sie alles für 15 Minuten im Ofen.

76. Gebackener Feta

KH 47 g | EW 152 g | F 285 g

Zubereitungszeit: 25 Minuten
Portionen: 4
Schwierigkeitsgrad: leicht

Zutaten:

- 800 g Feta
- 250 g Kirschtomaten
- 400 g Zucchini
- 200 g Frühlingszwiebeln
- 1 Glas schwarze Oliven
- Abrieb einer Zitrone
- 4 Knoblauchzehen
- 4 EL Olivenöl
- 4 Zweige Rosmarin
- 8 Zweige Oregano
- 2 TL Paprikapulver
- Salz, Pfeffer

Zubereitung:

1. Heizen Sie den Backofen auf 200 °C Umluft vor.
2. Hacken Sie die Kräuter klein und schneiden Sie die Zucchini in dünne Halbkreise.
3. Die Kirschtomaten waschen und halbieren Sie und schneiden die Frühlingszwiebeln in feine Ringe.
4. Hacken Sie die Oliven grob durch und schneiden Sie den Knoblauch klein.
5. Legen Sie die Zucchinischeiben in die Auflaufform und platzieren Sie den Feta obenauf.
6. Verteilen Sie die restlichen Zutaten auf dem Feta und würzen Sie alles mit Salz und Pfeffer.
7. Backen Sie den Feta 15 Minuten im Ofen.

77. Würstchen, Süßkartoffeln und Bohnen aus dem Ofen

KH 351 g | EW 236 g | F 352 g

Zubereitungszeit: 35 Minuten
Portionen: 4
Schwierigkeitsgrad: leicht

Zutaten:

- 2 Süßkartoffeln
- 1 Zwiebel
- ½ Bund Thymian
- 2 Knoblauchzehen
- 2 EL Olivenöl
- 8 grobe Bratwürste
- 400 g Mangold
- 400 ml Brühe
- 800 g weiße Dosenbohnen
- 1 EL Rotweinessig
- 1 Baguette
- 4 EL Knoblauchbutter

Zubereitung:

1. Heizen Sie den Backofen auf 230 °C vor und legen Sie ein Backblech mit Backpapier aus.
2. Schälen und würfeln Sie die Süßkartoffeln, achteln Sie die Zwiebel und hacken Sie den Knoblauch.
3. Verteilen Sie alles in einer Auflaufform und platzieren Sie die Würstchen obendrauf.
4. Geben Sie den Thymian und das Öl drüber und würzen Sie alles mit Salz und Pfeffer.
5. Stellen Sie die Auflaufform für 20 Minuten in den Ofen.
6. Lassen Sie Bohnen abtropfen und schneiden Sie den Mangold in mundgerechte Stücke.
7. Vierteln Sie das Baguette und bestreichen Sie es mit der Knoblauchbutter. Legen Sie die Viertel auf das mit Backpapier belegte Blech
8. Geben Sie die Brühe, den Mangold und die Bohnen in die Auflaufform und platzieren Sie das Baguette mit im Ofen.
9. Backen Sie alles noch einmal für ca. 10 Minuten.

78. Gefüllte Ofentomaten

KH 74 g | EW 48 g | F 94 g

Zubereitungszeit: 25 Minuten
Portionen: 4
Schwierigkeitsgrad: leicht

Zutaten:

- 8 große Tomaten
- 100 g Couscous
- 180 ml Gemüsebrühe
- 2 EL Öl
- ½ gelbe Paprika
- 6 getrocknete Tomaten
- 2 Frühlingszwiebeln
- 75 g Feta
- 90 g Chorizo
- 10 grüne Oliven
- 1EL Petersilie
- 1 TL Kreuzkümmel
- Salz, Pfeffer

Zubereitung:

1. Heizen Sie den Backofen auf 200 °C vor und bestreichen Sie eine Auflaufform mit Öl.
2. Erhitzen Sie die Gemüsebrühe und gießen Sie sie über den Couscous. Lassen Sie ihn 5 Minuten quellen.
3. Entfernen Sie das obere Ende der Tomaten und entfernen Sie das Fruchtfleisch. Hacken Sie das Fruchtfleisch einmal grob durch und platzieren Sie die ausgehöhlten Tomaten in der Auflaufform.
4. Würfeln Sie die Paprika und die Chorizo. Schneiden Sie die Frühlingszwiebel in feine Ringe. Hacken Sie die Oliven und die getrockneten Tomaten und zerdrücken Sie den Feta mit den Fingern.
5. Erhitzen Sie das Pflanzenöl und braten Sie die Chorizo und die Frühlingszwiebeln für 3 Minuten an.
6. Geben Sie dann das Tomatenfruchtfleisch und die Paprikawürfel hinzu und erhitzen Sie alles nochmals für 2 Minuten.
7. Nehmen Sie die Pfanne vom Herd und geben Sie die Oliven und die getrockneten Tomaten unter.
8. Vermengen Sie den Couscous, die Chorizomischung, den Feta und die Petersilie und füllen Sie damit die Tomaten.
9. Garen Sie alles für 10 Minuten im Ofen.

79. Kartoffel-Tortilla mit Ofengemüse

KH 194 g | EW 101 g | F 130 g

Zubereitungszeit: 30 Minuten
Portionen: 4
Schwierigkeitsgrad: leicht

Zutaten:

- 2 Auberginen
- 2 gelbe Paprika
- 2 Tomaten
- 4 Knoblauchzehen
- 1 Chili
- 4 TL Oregano
- 800 g Kartoffeln
- 2 Karotten
- 2 Zwiebeln
- 6 Eier
- 100 g geriebener Käse
- 1 Bund Petersilie
- 4 EL Olivenöl
- 2 EL Balsamico
- Milch
- Salz, Pfeffer

Zubereitung:

1. Heizen Sie den Backofen auf 200 °C Umluft vor und belegen Sie ein Backblech mit Backpapier.
2. Schneiden Sie die Aubergine in Scheiben und Würfeln Sie die Tomaten. Die Paprika schneiden Sie in Streifen und hacken Sie die Chilischote klein.
3. Vermengen Sie in einer großen Schüssel die gehackten Knoblauchzehen, den Chili, den Oregano, 1 EL Olivenöl und den Balsamico.
4. Geben Sie das zuvor geschnittene Gemüse hinein und vermischen Sie alles gut mit der Marinade. Geben Sie anschließend alles auf das Backblech und backen Sie das Gemüse für 25 Minuten.
5. Schälen Sie die Kartoffel und die Karotten und schneiden Sie beides klein.
6. Schneiden Sie die Zwiebeln in feine Würfel und hacken Sie die Petersilie.
7. Kochen Sie die Kartoffeln und Karotten. Wenn sie gar sind, gießen Sie das Wasser ab und lassen Sie alles im Topf ausdampfen.
8. Verquirlen Sie die Eier mit etwas Milch und geben Sie den Käse und die gehackte Petersilie unter.
9. Braten Sie die Zwiebeln in einer Pfanne glasig. Geben Sie die Kartoffeln und die Karotten hinzu und braten Sie alles für ca. 2 Minuten an. Geben Sie die Eiermischung hinzu und lassen sie die Tortilla für 5 Minuten stocken, dann wenden und nochmal 3 Minuten braten.
10. Richten Sie die Tortilla mit dem Ofengemüse an.

80. Spargelrisotto aus dem Ofen

KH 319 g | EW 218 g | F 113 g

Zubereitungszeit: 45 Minuten
Portionen: 4
Schwierigkeitsgrad: leicht

Zutaten:

- 250 g Risotto Reis
- 500 g grünen Spargel
- 1 Liter Hühnerbrühe
- 1 Zwiebel
- 10 g Estragon
- 30 g Butter
- 60 g Parmesan
- 30 g Butter
- Salz, Pfeffer

Zubereitung:

1. Heizen Sie den Ofen auf 200 °C Umluft vor.
2. Schneiden Sie die Zwiebel in kleine Würfel.
3. Nehmen Sie einen ofenfesten Topf und erhitzen Sie 30 g Butter.
4. Geben Sie die Zwiebelwürfel und den gehackten Estragon hinein und dünsten Sie alles für 5 Minuten.
5. Nun geben Sie den Risotto Reis dazu und mischen alles einmal gut durch.
6. Anschließend gießen Sie die vorbereitete Brühe ein und Stellen alles mit Deckel für 15 Minuten in den Backofen.
7. Putzen und schneiden Sie den Spargel. Die Enden Können Sie großzügig abschneiden oder schälen.
8. Rühren Sie nach den 15 Minuten den Spargel in den Ofentopf und stellen Sie ihn für nochmals 15 Minuten wieder rein.
9. Anschließen nehmen Sie den Topf aus dem Ofen und geben Sie den Parmesan und die Butter hinzu. Verrühren Sie alles gut bis es komplett aufgelöst ist und schmecken Sie alles nochmal mit Salz und Pfeffer ab.

81. Ofenrisotto mit Hähnchenbrust und Steinpilzen

KH 446 g | EW 362 g | F 120 g

Zubereitungszeit: 55 Minuten
Portionen: 4
Schwierigkeitsgrad: leicht

Zutaten:

- 400 g Risotto Reis
- 500 g Hähnchenbrustfilet
- 30 g getrocknete Steinpilze
- 200 ml Wasser
- 3 TL Thymian
- 1 Liter Hühnerbrühe
- 1 Knoblauchzehe
- 50 g Butter
- 80 g Parmesan
- Salz, Pfeffer

Zubereitung:

1. Heizen Sie den Ofen auf 200 °C Umluft vor.
2. Geben Sie die Steinpilze in eine Schüssel und übergießen Sie sie mit 200 ml heißen Wasser. Lassen Sie die Steinpilze für 5 Minuten ziehen.
3. Gießen Sie die Steinpilze ab und fangen Sie aber das Wasser auf. Schneiden Sie die Steinpilze anschließend klein.
4. Nehmen Sie sich eine Auflaufform und füllen Sie den Reis, die klein geschnittenen Hähnchenbrustfilets, die Steinpilze, den Knoblauch gepresst, den Thymian und das Wasser von den Steinpilzen hinzu.
5. Übergießen Sie alles mit der Hühnerbrühe und rühren Sie es einmal kräftig durch.
6. Verschließen Sie die Auflaufform mit Alufolie und stellen Sie sie in den Ofen für 35 Minuten.
7. Danach entfernen Sie die Alufolie und lassen den Risotto nochmals offen für 5 Minuten im Ofen.
8. Wenn die 5 Minuten um sind, holen Sie das Risotto aus dem Ofen und geben Sie die Butter und den Parmesan unter. Rühren Sie so lange bis alles geschmolzen ist und würzen Sie mit Salz und Pfeffer.

82. Ofenrösti mit Hackfleisch

KH 123 g | EW 100 g | F 128 g

Zubereitungszeit: 60 Minuten
Portionen: 4
Schwierigkeitsgrad: leicht

Zutaten:

- 400 g Hackfleisch
- 1 TL Salz
- Pfeffer, Paprikapulver
- 1 EL Senf
- 1 EL gehackter Kerbel
- 750 g geriebene Kartoffel
- ¼ TL Salz
- 250 ml Sahne
- 1 Knoblauchzehe

Zubereitung:

1. Heizen Sie den Ofen auf 200 °C Umluft vor und fetten Sie eine große Auflaufform oder ein Backblech.
2. Vermischen Sie das Hackfleisch mit den Gewürzen und stellen Sie es kalt.
3. Verteilen Sie die Kartoffeln gleichmäßig in der Auflaufform und mischen die Sahne, das Salz und den ausgedrückten Knoblauch. Geben Sie anschließend die Sahne über die Kartoffeln und stellen sie die Form für 15 - 20 Minuten in den Ofen.
4. Nach Ablauf der Zeit zerteilen Sie das Hackfleisch und verteilen es gleichmäßig auf den Kartoffeln.
5. Nach weiteren 20 Minuten im Backofen können Sie ihr Essen genießen.

83. Ofenreisfleisch

KH 220 g | EW 164 g | F 152 g

Zubereitungszeit: 75 Minuten
Portionen: 4
Schwierigkeitsgrad: leicht

Zutaten:

- 1 rote, gelbe und grüne Paprika
- 1 Gemüsezwiebel
- 700 g Schweinenacken
- Salz, Pfeffer, Paprikapulver
- 3 EL Olivenöl
- 1 EL Honig
- 2 EL Ajvar
- 1 EL Gemüsebrühepulver
- 200 g Reis
- 1 Knoblauchzehe
- 200 g Joghurt
- 1 Bund Petersilie

Zubereitung:

1. Heizen Sie den Ofen auf 210 °C Umluft vor.
2. Schneiden Sie die Paprika, die Zwiebel und das Fleisch in Streifen und marinieren Sie alles mit Salz, Pfeffer, Paprikapulver, 2 EL Öl und Honig.
3. Mischen Sie alles gut durch und verteilen Sie es auf einem Blech und garen Sie es ca. 30 Minuten im Ofen.
4. Verrühren Sie 750 ml Wasser mit der Brühe und dem Ajvar. Geben Sie den Reis und die Flüssigkeit zum Fleisch und mischen Sie alles gut durch.
5. Reduzieren Sie die Hitze des Backofens auf 160 °C.
6. Mischen Sie den Joghurt, den klein gehackten Knoblauch und der Petersilie und würzen Sie es mit Salz und Pfeffer.
7. Reichen Sie den Joghurt zum Fleisch dazu.

84. Überbackene Putenschnitzel

KH 2 g | EW 48 | F 31 g

Zubereitungszeit: 25 Minuten
Portionen: 4
Schwierigkeitsgrad: leicht

Zutaten:

- 100 g junger Spinat
- 1 Zwiebel
- 1 Knoblauchzehe
- 8 Scheiben Bacon
- Öl
- 4 Putenschnitzel
- Salz, Pfeffer, Muskat
- 100 g Cheddar, gerieben
- 100 g Frischkäse
- 2 EL Saure Sahne

Zubereitung:

1. Heizen Sie den Backofen auf 175 °C Umluft vor und belegen Sie ein Backblech mit Backpapier.
2. Waschen Sie den Spinat und hacken Sie Zwiebeln und Knoblauch.
3. Braten Sie den Bacon ohne Fett in einer Pfanne knusprig.
4. Anschließend dünsten Sie die Zwiebeln und den Knoblauch in dem Fett vom Bacon.
5. Geben Sie den Spinat hinzu und braten Sie ihn bis er zusammenfällt.
6. Braten Sie die Schnitzel kurz von beiden Seiten scharf an und legen Sie sie auf das Backblech.
7. Würzen Sie die Schnitzel mit etwas Salz.
8. Rühren die den Cheddar, den Frischkäse und die saure Sahne unter den Spinat und schmecken Sie ihn mit Salz, Pfeffer und Muskat ab.
9. Belegen Sie nun die Schnitzel mit der Spinatmischung und dem Bacon.
10. Stellen Sie das Blech für ca. 5 - 8 Minuten in den Ofen.

85. Backofen Hähnchen

KH 98 g | EW 356 g | F 74 g

Zubereitungszeit: 20 Minuten
Portionen: 8
Schwierigkeitsgrad: leicht

Zutaten:

- 8 Hähnchenbrustfilet
- 8 EL Honig
- 4 EL Senf
- 4 EL Pflanzenöl
- 2 Zitronen, Abrieb und Saft
- Salz, Pfeffer

Zubereitung:

1. Heizen Sie den Backofen auf 180 °C vor und belegen Sie ein Backblech mit Backpapier.
2. Schneiden Sie die Hähnchenbrustfilets in kleine Stücken
3. Geben Sie die restlichen Zutaten mit in die Schüssel, mischen Sie alles einmal gut durch und lassen Sie alles marinieren bis der Ofen aufgeheizt ist.
4. Verteilen Sie die marinierten Stückchen auf dem Blech und garen sie alles für 15 Minuten im Backofen.

86. Enchiladas

KH 172 g | EW 185 g | F 127 g

Zubereitungszeit:
Portionen: 4
Schwierigkeitsgrad: leicht

Zutaten:

- 400 g Putengeschnetzeltes
- 1 - 2 Zwiebeln, gehackt
- 2 Knoblauchzehen, gehackt
- Salz, Pfeffer Paprikapulver
- 2 EL Koriander
- 8 Soft Tortillas
- 400 g scharfe Tomatensauce auf dem Glas
- 120 g geriebener Käse
- 1 Chilischote
- 1 Dose Kidneybohnen
- 1 Dose Mais
- 180 g Crème Fraîche

Zubereitung:

1. Braten Sie das Geschnetzelte mit den Zwiebeln und dem Knoblauch an und geben Sie die Kräuter unter.
2. Würzen Sie alles kräftig mit Salz, Pfeffer und Paprikapulver.
3. Heizen Sie den Ofen auf 180 °C Umluft vor und fetten Sie eine Auflaufform.
4. Geben Sie auf die Tortillas je 1 EL der Tomatensauce und verschmieren Sie diese.
5. Verteilen Sie darauf etwas von dem gerieben Käse und anschließend das Geschnetzelte, die gehackte Chili, die Bohnen und den Mais.
6. Falten Sie die Tortillas zusammen und legen Sie diese in die Auflaufform.
7. Verteilen Sie die restliche Soße auf den Tortillas und geben Sie den restlichen Käse drüber.
8. Schieben Sie die Auflaufform in den Backofen und garen Sie alles für ca. 25 Minuten.
9. Reichen Sie das Crème Fraîche dazu.

87. „10 - Minuten“ –Lachs

KH 154 g | EW 213 g | F 103 g

Zubereitungszeit: 25 Minuten
Portionen: 4
Schwierigkeitsgrad: leicht

Zutaten:

- 1 kg Lachs
- 2 EL Sojasauce
- 2 EL Honig
- 3 TL Senf
- Pfeffer
- 200 g Quinoa
- 30 g Butter
- 1 EL Gemüsebrühepulver

Zubereitung:

1. Heizen Sie den Ofen auf 180 °C Umluft vor und fetten Sie eine Auflaufform.
2. Marinieren Sie den Lachs mit der Sojasauce, dem Honig, dem Senf und einer Prise Pfeffer.
3. Legen Sie ihn anschließend in die Auflaufform und stellen Sie diese für 20 Minuten in den Ofen.
4. Während der Lachs brät, kochen Sie den Quinoa mit der doppelten Menge Wasser und dem Gemüsebrühepulver auf.
5. Lassen Sie den Quinoa auf kleiner Flamme mit Deckel köcheln bis er weich ist und wenn das Wasser fast verdampft ist geben Sie die Butter unter.
6. Servieren Sie dazu am besten noch einen Frischen Salat.

Alles in einem Topf

Notizen:______________________

Notizen:______________________

Notizen:______________________

Notizen:______________________

Notizen:______________________

Notizen:______________________

88. Griechisches Huhn vom Blech

KH 41 g | EW 70 g | F 56 g

Zubereitungszeit: 90 Minuten
Portionen: 4
Schwierigkeitsgrad: leicht

Zutaten:

- 4 Knoblauchzehen
- 1 TL Thymian
- 1 TL Oregano
- 100 ml Olivenöl
- 100 ml Zitronensaft
- 750 g Zwiebeln
- 1 kg Kartoffeln
- 1,6 kg Hähnchen, küchenfertig
- Salz, Pfeffer
- 200 g Schafskäse
- 100 g Oliven

Zubereitung:

1. Heizen Sie den Ofen auf 175 °C vor.
2. Für die Marinade nehmen Sie die Kräuter und den Knoblauch. Hacken Sie alles klein und vermischen Sie es mit dem Öl, dem Zitronensaft und 6 EL Wasser.
3. Vierteln Sie die Zwiebeln und schneiden Sie die geschälten Kartoffeln in grobe Stücke.
4. Zerteilen Sie das Hähnchen in 8 - 10 Teile und reiben Sie es mit Salz und Pfeffer ein.
5. Vermischen Sie die Kartoffeln, die Zwiebeln und die Hähnchenteile mit der Marinade und legen Sie alles auf ein tiefes Backblech.
6. Stellen Sie das Blech für ca. eine Stunde in den Backofen. Wenden Sie das Gemüse während der Garzeit.
7. Fügen Sie nach der Garzeit den in kleine Würfel geschnittenen Schafskäse und die Oliven hinzu und lassen Sie noch alles weitere 15 - 20 Minuten garen.

89. Teufelsfleisch

KH 17 g | EW 45 g | F 8 g

Zubereitungszeit: 135 Minuten
Portionen: 6
Schwierigkeitsgrad: leicht

Zutaten:

- 3 Paprika
- 500 g Champignons
- 2 große Zwiebeln
- 150 g Gewürzgurken
- 1 kg Gyrosfleisch
- 1 Dose, 850 ml Tomaten
- 250 g Tomaten-Chili-Sauce
- Salz, Cayennepfeffer
- 400 g frischer Pizzateig
- 2 TL Rosmarin
- 125 g Parmesan
- 1 - 2 EL Olivenöl

Zubereitung:

1. Heizen Sie den Backofen auf 175 °C Umluft vor.
2. Würfeln Sie die Paprika, vierteln Sie die Champignons, schneiden Sie die Zwiebeln in Streifen und die Gurken in Scheiben.
3. Geben Sie alles zusammen mit dem Fleisch, den Tomaten und der Chilisauce in einen großen ofenfesten Topf und würzen Sie den Inhalt mit Salz und Cayennepfeffer.
4. Stellen Sie anschließen den Topf mit Deckel in den Backofen und lassen sie alles ca. 90 Minuten schmoren.
5. 20 Minuten bevor die Zeit um ist nehmen Sie Deckel runter und lassen es offen weiter garen. Vor dem Servieren nochmal abschmecken.
6. Stechen Sie aus einem fertigen Pizzateig ca. 18 Kreise aus und legen Sie diese auf ein mit Backpapier belegtes Backblech.
7. Streuen Sie den Parmesan und den Rosmarin drüber, beträufeln alles mit dem Öl und backen Sie anschließend die Taler für 12 Minuten bei 175 °C Umluft.

90. Braumeisterschmortopf

KH 10 g | EW 43 g | F 42 g

Zubereitungszeit: 120 Minuten
Portionen: 8
Schwierigkeitsgrad: leicht

Zutaten:

- 1,8 kg magerer Schweinenacken
- 6 Landjäger, Salamis ca. 240 g
- 5 Zwiebeln
- 3 Stangen Porree
- 3 EL Öl
- 2 EL Mehl
- 500 ml dunkles Weizenbier
- 425ml Tomaten, Dose
- 2 EL brauner Zucker
- 2 TL Edelsüßpaprika
- 5 cm Meerrettich
- 400 g Schmand

Zubereitung:

1. Tupfen Sie das Fleisch trocken und schneiden Sie es und die Zwiebeln in grobe Würfel.
2. Schneiden Sie die Landjäger in dicke Scheiben und den Porree in Stücke.
3. Erhitzen Sie Öl in einem Bräter und braten Sie das Fleisch portionsweise an. Geben Sie die Wurst hinzu und braten Sie diese kurz mit.
4. Nehmen Sie das Fleisch wieder heraus und braten Sie nun den Porree und die Zwiebeln an.
5. Geben Sie das Mehl hinzu und schwitzen Sie es kurz mit.
6. Löschen Sie es mit dem Bier, den Tomaten und zusätzlich 200 ml Wasser ab und geben Sie das Fleisch und die Wurst wieder in den Topf.
7. Schmecken Sie alles kräftig mit Salz, Pfeffer, Zucker und Paprikapulver ab.
8. Lassen Sie alles für ca. 90 Minuten schmore. Rühren Sie mehrmals um, damit nichts fest brennt.
9. Für den Dip raspeln Sie den geschälten Meerrettich ganz fein und vermischen ihn mit dem Schmand. Schmecken Sie ihn mit Salz und Pfeffer ab und reichen Sie ihn zum Schmortopf dazu.

91. Bunter Gemüse-Gnocchi-Topf

KH 231 g | EW 55 g | F 83 g

Zubereitungszeit: 25 Minuten
Portionen: 4
Schwierigkeitsgrad: leicht

Zutaten:

- 200 ml Wasser
- Salz, Pfeffer
- 4 Möhren
- 100 g grüne Bohnen, TK
- 500 g Gnocchi
- 1 rote Paprika
- 1 gelbe Paprika
- 1 Zucchini
- 3 Frühlingszwiebeln
- 2 Knoblauchzehen
- 20 g Öl
- 180 g Frischkäse
- 50 g Tomatenmark
- 2 TL italienische Kräuter, getrocknet

Zubereitung:

1. Stellen Sie einen großen Topf mit Wasser und etwas Salz zum Kochen auf den Herd.
2. Schneiden Sie die Möhren in Stifte oder Scheiben.
3. Würfeln Sie die beiden Paprika und die Zucchini und hacken Sie die Zwiebeln und den Knoblauch klein.
4. Braten Sie die Frühlingszwiebeln und den Knoblauch kurz in einem großen Topf an.
5. Geben Sie das geschnittene Gemüse, das Tomatenmark und die Bohnen dazu und braten Sie alles etwa 3 Minuten mit.
6. Vermischen Sie 200 ml Wasser mit dem Frischkäse und den Kräutern und löschen Sie das Gemüse damit ab.
7. Nun geben Sie noch die Gnocchi hinzu und lassen alles für 5-10 Minuten köcheln.
8. Schmecken Sie alles mit Salz und Pfeffer ab.

92. Kürbis-Risotto mit Hack

KH 242 g | EW 94 g | F 135 g

Zubereitungszeit: 30 Minuten
Portionen: 4
Schwierigkeitsgrad: leicht

Zutaten:

- 250 g Risotto-Reis
- 1 Stange Lauch
- 40 g Öl
- 1 Dose stückige Tomaten
- 400 ml Wasser
- 1,5 EL Gemüsebrühepulver
- 1 TL Thymian
- 500 g gewürfelten Hokkaido-Kürbis
- 30 g Tomatenmark
- 250 g Rinderhackfleisch
- Chiliflocken o.ä.
- 40 g Parmesan
- 50 g Butter
- Salz, Pfeffer

Zubereitung:

1. Schneiden Sie die Lauchstange klein und braten Sie diese in etwas Öl, in einem Topf kurz an.
2. Geben Sie den Reis hinzu und schwitzen Sie diesen für 2-3 Minuten mit. Dabei immer rühren sonst brennt er an.
3. Löschen Sie den Reis mit der angerührten Gemüsebrühe ab und geben Sie die Tomaten unter.
4. Kochen Sie den Reis mit Deckel etwa 15 Minuten, dann geben Sie den Kürbis, den Thymian, das Tomatenmark, das Hackfleisch und die Chiliflocken.
5. Würzen Sie alles mit Salz und Pfeffer.
6. Nach 10 Minuten prüfen Sie ob der Reis schon durch ist. Sollte der Risotto-Reis noch nicht gar sein aber kaum noch Flüssigkeit vorhanden, dann geben Sie noch etwas Wasser zu und kochen ihn für weitere 5 Minuten.
7. Geben Sie nun die Butter und den Parmesan unter und wenn alles geschmolzen ist können Sie den Risotto nochmal abschmecken.

93. Party Rouladentopf

KH 199 g | EW 575 g | F 668 g

Zubereitungszeit: 2 Stunden 50 Minuten
Portionen: 10
Schwierigkeitsgrad: mittel

Zutaten:

- 10 Rinderrouladen aus der Oberschale, à 160-200 g
- 10 Scheiben Speck
- 2 große Gemüsezwiebeln
- 6 Gewürzgurken
- 1 Glas (100 g) Pfefferkörner
- 3 Flaschen Cocktailsauce
- 1 Liter Sahne
- Salz, Pfeffer

Zubereitung:

1. Heizen Sie den Ofen auf 180 °C Umluft vor.
2. Schneiden Sie nun die Rouladen und den Speck in mundgerechte Stücke.
3. Schneiden Sie die Gewürzgurke in Scheiben und die Zwiebeln in Viertelkreise.
4. Schichten Sie nun die Zutaten abwechselnd in einen Bräter.
5. Streuen Sie den Pfeffer drüber und vermischen Sie die Cocktailsauce mit der Sahne.
6. Geben Sie die Cocktailsahnesauce über das Fleisch in den Bräter.
7. Stellen Sie alles ohne Deckel für 2,5 Stunden in den Ofen.
8. Nach 1,5 Stunden einmal umrühren und ggf. nachwürzen.

94. Schnelle Hackpfanne

KH 210 g | EW 143 g | F 124 g

Zubereitungszeit: 25 Minuten
Portionen: 4
Schwierigkeitsgrad: leicht

Zutaten:

- 500 g Rinderhackfleisch
- 250 g Hörnchennudeln
- 1 Liter Gemüsebrühe
- 1 Stange Lauch
- 300 g rote Paprika
- 30 g Tomatenmark
- 2 EL Pflanzenöl
- 1 Prise Zucker
- Salz, Paprikapulver, Pfeffer

Zubereitung:

1. Erhitzen Sie das Pflanzenöl in einer Pfanne und braten Sie das Hackfleisch darin gut an. Würzen Sie das Hackfleisch schon mal mit Salz.
2. Schneiden Sie die Paprika in kleine Würfel und die Lauchstange in feine Ringe.
3. Rühren Sie das Tomatenmark unter das Hackfleisch und geben Sie anschließend das Gemüse dazu. Braten Sie alles für weitere 3 Minuten.
4. Gießen Sie die Brühe hinzu und geben Sie die ungekochten Nudeln hinein.
5. Lassen Sie alles für ca. 10 Minuten köcheln und würzen Sie hinterher nochmal mit Paprikapulver, Zucker, Pfeffer und Salz nach.

95. Rinderragout

KH 32 g | EW 168 g | F 56 g

Zubereitungszeit:
Portionen: 4
Schwierigkeitsgrad: leicht

Zutaten:

- 800 g Rinderragout
- 1-2 EL Mehl
- 150 g Sellerie
- 150 g Möhren
- 200 ml Rotwein
- 1 Kalbsfuß
- 200 ml Brühe
- 1 halbe Zwiebel
- 1 Lorbeerblatt
- 1 Nelke
- 1 EL brauner Balsamico
- Salz, Pfeffer

Zubereitung:

1. Braten Sie das Fleisch kräftig an und sieben Sie das Mehl darüber. Nehmen Sie es anschließen wieder aus dem Schmortopf
2. Nun braten Sie in dem gleichen Topf den kleingeschnittenen Sellerie und die kleingeschnittenen Möhren an.
3. Löschen Sie das Gemüse mit dem Rotwein ab und geben Sie des Kalbsfuß, das angebratene Fleisch, die Brühe und gespickte Zwiebel hinein.
4. Würzen Sie schon mal mit Salz und Pfeffer.
5. Lassen Sie nun den Topf mit Deckel ca. 1,5 – 2 Stunden schmoren.
6. Rühren Sie öfter mal um und probieren Sie nach 1,5 Stunden ob das Fleisch schön zart ist.
7. Zum Schluss nochmal nachwürzen.

96. Rouladen

KH 52 g | EW 152 g | F 72 g

Zubereitungszeit: 75 Minuten
Portionen: 4
Schwierigkeitsgrad: leicht

Zutaten:

- 4 große Rinderrouladen, à 160-200 g
- Senf, Salz, Pfefferkörner
- 8 Scheiben Speck
- 1 Zwiebel
- 1 Gewürzgurke
- 1 Möhre
- 1 Scheibe Brot
- 1 gespickte Zwiebel
- 1 EL Mehl
- 300-400 ml Brühe
- Salz, Pfeffer

Zubereitung:

1. Legen Sie die Rouladen aus und bestreichen Sie diese mit Senf. Würzen Sie die Rouladen einmal kurz mit Salz und Pfeffer über.
2. Legen Sie je 2 Scheiben Speck auf die Rouladen und schneiden Sie die Zwiebeln, die Gewürzgurke, die Möhre und das Brot klein und verteilen Sie alles gleichmäßig auf die Rouladen.
3. Rollen Sie die Rouladen auf und fixieren Sie alles mit Zahnstochern oder Rouladennadeln.
4. Braten Sie Rouladen in einem Schmortopf kräftig an und braten Sie die gespickte Zwiebeln kurz mit.
5. Nehmen Sie beides raus und rösten Sie nun das Mehl bis es bräunlich wird.
6. Löschen Sie es mit der Brühe ab und geben Sie die Zwiebel und das Fleisch wieder in den Topf.
7. Lassen Sie die Rouladen mit Deckel für ca. 45-50 Minuten schmoren.
8. Entfernen Sie dann die Zwiebel und schmecken Sie die Sauce mit Salz und Pfeffer ab.

97. Chili con carne

KH 144 g | EW 108 g | F 156 g

Zubereitungszeit: 50 Minuten
Portionen: 4
Schwierigkeitsgrad: leicht

Zutaten:

- 500 g Hackfleisch
- 1-2 TL Paprikapulver
- 2 gehackte Zwiebeln
- 2 gehackte Knoblauchzehen
- 1 rote Chili gehackt
- 3EL Tomatenmark
- 300 ml Rotwein
- 300 ml Brühe
- 1 große Dose gehackte Tomaten
- 1 Dose Kidneybohnen
- 1 Dose Mais
- 200 g festkochende Kartoffeln, gewürfelt
- 180 g Crème fraîche

Zubereitung:

1. Braten Sie als erstes das Hackfleisch kurz und heiß an.
2. Geben Sie dann die Zwiebeln, den Knoblauch, die Chili und das Tomatenmark dazu und braten Sie es mit.
3. Löschen Sie alles mit dem Wein und der Brühe ab.
4. Fügen Sie nun die gehackten Tomaten, die Bohnen, den Mais und die Kartoffeln hinzu und lassen Sie alles für 30 Minuten auf kleiner Flamme kochen.
5. Vor dem Servieren nochmal mit Salz, Pfeffer und ggf. Chilipulver nachwürzen.
6. Reichen Sie das Crème fraîche extra.

98. Wirsingrouladen

KH 56 g | EW 240 g | F 188 g

Zubereitungszeit: 1 Stunde 40 Minuten
Portionen: 4
Schwierigkeitsgrad: leicht

Zutaten:

- 600 g Hackfleisch
- 1 gehackte Zwiebel
- 2 Knoblauchzehen, gehackt
- 2 Eier
- 4EL Paniermehl
- 4 EL geriebener Parmesan
- 100 g gewürfelter Schinken
- 1 TL Thymian
- 1 Bund Petersilie
- 12 große Wirsingblätter
- 200 ml Brühe
- 2 EL Tomatenmark
- 2-3 Salbeiblätter
- 300 g Mozzarella in Stücke geschnitten
- Salz, Pfeffer

Zubereitung:

1. Braten sie das Hackfleisch, die Zwiebeln und den Knoblauch an.
2. Lassen Sie es leicht auskühlen und geben Sie die Eier, den Parmesan, den Thymian, die gehackte Petersilie, Salz und Pfeffer unter.
3. Blanchieren Sie die Wirsingblätter und schrecken Sie diese danach im kalten Wasser ab, und lassen sie diese anschließend gut abtropfen.
4. Heizen Sie den Ofen auf 200 °C Umluft vor.
5. Schneiden Sie den Strunk heraus, legen Sie die Blätter einzeln hin und füllen Sie diese mit der Hackfleischfüllung.
6. Rollen Sie die Blätter fest auf und legen Sie diese dann in eine Auflaufform.
7. Verrühren Sie die Brühe mit dem Tomatenmark und geben Sie die Mischung zusammen mit dem Salbei über die Rouladen.
8. Nun stellen Sie die Form für 40 Minuten in den Ofen.
9. Etwa 5-10 Minuten vor Ende der Garzeit, fügen Sie den Mozzarella hinzu und lassen alles überbacken.

99. Freiburger Fleischvögel

KH 64 g | EW 508 g | F 436 g

Zubereitungszeit: 80 Minuten
Portionen: 4
Schwierigkeitsgrad: mittel

Zutaten:

- 500 g / 8 Stk. Dünn geklopfte Rinderhüftsteaks
- 300 g Kalbsbrät
- 200 g gemischtes Gemüse, klein gewürfelt
- 100 g Hartkäse in 8 Stifte geschnitten
- 1 Zwiebel, gehackt
- 1 Knoblauchzehe, gepresst
- 1 EL Mehl
- 100 ml Rotwein
- 300 ml Brühe
- Salz, Pfeffer

Zubereitung:

1. Legen Sie das Fleisch aus und würzen Sie es.
2. Mischen Sie das Brät mit 100 g des Gemüses und verteilen Sie es auf dem Fleisch.
3. Legen Sie je ein Käsestäbchen drauf und wickeln Sie das Fleisch um den Käse auf. Fixieren Sie das Fleisch mit Zahnstochern.
4. Braten Sie die Fleischvögel rundum kräftig an und nehmen Sie diese hinterher aus dem Topf.
5. Geben Sie die Zwiebeln und den Knoblauch in den Topf und braten Sie diese bis sie duften.
6. Fügen Sie nun das restliche Gemüse und das Mehl hinzu und löschen Sie alles mit dem Rotwein und der Brühe ab.
7. Lassen Sie das ganze etwas reduzieren und fügen Sie dann die Fleischvögel wieder hinzu.
8. Nun für ca. 30 Minuten, auf kleiner Stufe schmoren lassen.
9. Wenden Sie das Fleisch ab und zu und schmecken Sie nach der Garzeit alles mit Salz und Pfeffer ab.

100. Irish Stew

KH 108 g | EW 160 g | F 56 g

Zubereitungszeit: 90 Minuten
Portionen: 4
Schwierigkeitsgrad: leicht

Zutaten:

- 800 g Lammschulter
- 1 gehackte Zwiebel
- 2 Knoblauchzehen in Scheiben
- 3 Möhren, in Stücke geschnitten
- ½ Sellerie, in Würfeln geschnitten
- ¼ Weißkohl, in Streifen geschnitten
- ½ Porree, in Ringe geschnittene
- 600 ml Brühe
- Salz, Pfeffer
- 1 EL Thymian
- 1 Msp. Kreuzkümmel
- Muskatnuss
- 400 g festkochende Kartoffeln

Zubereitung:

1. Braten Sie die Schulter rundum an und geben Sie die Zwiebeln, den Knoblauch und das Gemüse hinzu.
2. Löschen Sie alles mit der Brühe ab und würzen Sie alles gut.
3. Lassen Sie nun alles bei mittlerer Hitze für rund 60-90 Minuten schmoren.
4. Geben Sie in den letzten 30 Minuten die in Stücke geschnittenen Kartoffeln hinzu.

101. Bunter Reistopf

KH 290 g | EW 94 g | F 137 g

Zubereitungszeit: 40 Minuten
Portionen: 4
Schwierigkeitsgrad: mittel

Zutaten:

- 3-4 Frühlingszwiebeln
- 1 Knoblauchzehe
- 25 g Öl
- 300 g Basmati Reis
- 1 TL Gemüsebrühepulver
- 1TL Salz
- Pfeffer
- 4 Paprikaschoten, in Streifen geschnitten
- 400 g Hähnchen geschnetzeltes
- 200 g Sahne
- 2TL Currypulver
- 50 g Tomatenmark
- 15 g Speisestärke
- 1 TL Paprikapulver
- 150 g Kirschtomaten

Zubereitung:

1. Schneiden Sie die Frühlingszwiebeln in feine Ringe und hacken Sie den Knoblauch.
2. Schneiden Sie die Paprika in Streifen und waschen Sie den Reis unter fließendem Wasser.
3. Nun braten Sie die Zwiebeln und den Knoblauch an.
4. Löschen Sie diese mit ca. 800 ml Wasser ab und geben Sie das Salz und das Brühepulver hinzu.
5. Wenn das Wasser kocht, geben Sie den Reis hinein, lassen ihn aufkochen, stellen ihn auf eine niedrige Stufe und lassen ihn für 15 Minuten mit Deckel leicht köcheln. Zwischen drin ruhig mal umrühren.
6. Nehmen Sie den Reis dann von der Platte und lassen Sie ihn weiter ziehen.
7. Braten Sie das Hähnchen an. Geben Sie die Paprika, das Currypulver, das Paprikapulver und das Tomatenmark hinzu und braten Sie es kurz mit.
8. Löschen Sie alles mit der Sahne ab und rühren Sie die Speisestärke mit etwas Wasser glatt.
9. Binden Sie das Ganze und lassen Sie es kurz aufkochen.
10. Geben Sie den Reis hinzu und die halbierten Kirschtomaten.
11. Würzen Sie nochmal alles mit Salz, Pfeffer und Paprikapulver nach.

102. Erdnuss-Kokos-Curry

KH 243 g | EW 57 g | F 35 g

Zubereitungszeit: 25 Minuten
Portionen: 4
Schwierigkeitsgrad: leicht

Zutaten:

- 1 Zwiebel
- 1 Knoblauchzehe
- 25 g Öl
- 400 g Kokosmilch
- 170 ml Wasser
- 50 g cremige Erdnussbutter
- 1 EL Currypulver
- 1 TL Gemüsebrühepulver
- 1 Möhre
- 1 kleine Zucchini
- 1 rote Paprika
- 250 g Brokkoliröschen
- 50 g TK Erbsen
- 250 g Reis
- Salz, Pfeffer

Zubereitung:

1. Hacken Sie die Zwiebel und den Knoblauch klein.
2. Schneiden Sie die Zucchini und die Möhre in Halbkreise und würfeln Sie die Paprika.
3. Braten Sie in einem Topf, die Zwiebeln und den Knoblauch an. Geben Sie dann die Kokosmilch, das Wasser, die Erdnussbutter, das Currypulver und das Gemüsebrühepulver hinzu.
4. Kochen Sie alles auf bis sich die Erdnussbutter aufgelöst hat.
5. Geben Sie dann die Möhre, die Zucchini, die Paprika, den Brokkoli und die Erbsen hinzu und lassen sie alles ca. 20 Minuten leicht köcheln.
6. In der zwischen Zeit kochen Sie in einem anderen Topf 250 g Reis mit 500 ml Salzwasser.
7. 15 Minuten mit Deckel leicht köcheln lassen und dann 5 Minuten ziehen lassen.
8. Schmecken Sie das Curry noch mit Salz, Pfeffer und Chilipulver ab.

103. Curry-Geschnetzeltes

KH 87 g | EW 127 g | F 98 g

Zubereitungszeit: 20 Minuten
Portionen: 4
Schwierigkeitsgrad: leicht

Zutaten:

- 1 Zwiebel, gehackt
- 1 Knoblauchzehe, gehackt
- 25ml Öl
- 25 g Mehl
- 200 ml Sahne
- 200 ml Wasser
- 200 ml Milch
- 1 kleiner Hokkaido-Kürbis (600 g)
- 120 g TK- Erbsen
- Salz, Pfeffer
- 2TL Currypulver
- ½ TL Thymian
- 400 g Hähnchen geschnetzeltes
- als Beilage Reis, Spätzle oder Nudeln

Zubereitung:

1. Braten Sie die Zwiebeln und den Knoblauch mit dem Öl in einem Topf bist es leicht duftet an.
2. Bestreuen Sie alles mit dem Mehl und lassen sie dieses kurz mit schwitzen.
3. Löschen Sie nun die Zwiebeln mit der Sahne, dem Wasser und der Milch ab und rühren Sie solange bis es andickt und sich das Mehl aufgelöst hat.
4. Geben Sie nun den Kürbis und die Erbsen hinzu, schmecken Sie alles mit Salz, Pfeffer, Currypulver und Thymian aber und lassen Sie das Curry für 15 Minuten leicht Köcheln.
5. In der zwischen Zeit, braten Sie das Geschnetzelte scharf an und würzen es mit Salz und Pfeffer.
6. Geben Sie das Fleisch kurz vor Ende der Garzeit mit in das Curry.

104. Kohlrabi-Kartoffel-Topf

KH 219 g | EW 103 g | F 146 g

Zubereitungszeit: 45 Minuten
Portionen: 4
Schwierigkeitsgrad: leicht

Zutaten:

- 900 g Kartoffeln
- 4 Kohlrabi
- 600 ml Gemüsebrühe
- 300 g grobe Bratwürste oder direkt Brät
- 150 g Sahne
- 150 g Milch
- 30 g Speisestärke
- 1 EL gehackte Petersilie
- Salz, Pfeffer

Zubereitung:

1. Schälen Sie die Kartoffeln und den Kohlrabi und schneiden Sie alles in mundgerechte Stücke.
2. Stellen Sie einen Topf auf den Herd und füllen Sie die Kartoffel und den Kohlrabi hinein. Füllen Sie den Topf mit der Brühe auf und kochen Sie alles mit Deckel für ca. 30 Minuten.
3. Formen Sie in der Zeit auf dem Brät ca. 24 kleine Bällchen und braten Sie diese in einer Pfanne an.
4. Wenn die Kartoffeln und der Kohlrabi gar gekocht sind, geben Sie die Sahne hinzu.
5. Mischen Sie die Stärke mit der Milch und lösen Sie die Stärke darin auf.
6. Binden Sie nun den Topf mit der Stärke ab und lassen Sie alles nochmals 3 Minuten köcheln.
7. Schmecken Sie alles mit Salz, Pfeffer und der Petersilie ab und geben Sie zum Schluss die Bratbällchen in den Eintopf.

105. Spätzle-Gemüse-Eintopf

KH 134 g | EW 35 g | F 55 g

Zubereitungszeit: 25 Minuten
Portionen: 4
Schwierigkeitsgrad: leicht

Zutaten:

- 50 g Sellerie in Stücken
- 1 kleine Zwiebel
- 1 rote Paprika
- 1 Möhre
- 1 kleine Stange Lauch
- 30 g Öl
- 1 EL Petersilie, gehackt
- ½ TL Thymian und Majoran, gehackt
- 2 Lorbeerblätter
- 1 EL Mehl
- 350 g Kartoffeln
- 800 ml Gemüsebrühe
- 100 g TK Bohnen
- 150 g Spätzle
- 100 ml Milch
- Salz, Pfeffer

Zubereitung:

1. Schneiden Sie den Sellerie, die Möhre, die Zwiebel die Paprika, die Kartoffeln in mundgerechte Stückchen. Den Lauch in Ringe schneiden.
2. Braten Sie alles in einem Topf kurz an und sieben Sie das Mehl drüber.
3. Löschen Sie nun mit der Gemüsebrühe ab und geben die Petersilie, die Lorbeerblätter, den Majoran, den Thymian, die Bohnen und die Spätzle hinzu und kochen Sie alles für 15 Minuten gar.
4. Schmecken Sie den Eintopf mit Salz und Pfeffer ab und geben Sie die Milch hinzu.
5. Nochmal 5 Minuten köcheln lassen.

106. Kartoffel-Brokkoli-Curry

KH196 g | EW 54 g | F 35 g

Zubereitungszeit: 25 Minuten
Portionen: 4
Schwierigkeitsgrad: leicht

Zutaten:

- 1 Zwiebel, gehackt
- 20 g Öl
- 1 Dose Kokosmilch 400 g
- 600 g Gemüsebrühe
- 2 TL gelbe Currypaste
- 900 g Kartoffeln, mundgerechte Stücke geschnitten
- 500 g Brokkoli
- 1 rote Paprika, gewürfelt
- 130 g Linsen, vorgegart

Zubereitung:

1. Braten Sie die Zwiebeln in einem Topf glasig und schwitzen Sie die Currypaste kurz mit an.
2. Löschen Sie den Topf mit der Brühe und der Kokosmilch ab.
3. Geben Sie die Kartoffeln hinzu und kochen Sie alles ca. 15 Minuten.
4. Schneiden Sie in der Zeit die Brokkoliröschen ab und würfeln die Paprika.
5. Geben Sie beides zu den Kartoffeln und auch die Linsen.
6. Lassen sie alles nochmal für ca. 10 Minuten auf kleiner Flamme köcheln.

Für Kindermünder

Notizen:______________________

Notizen:______________________

Notizen:______________________

Notizen:______________________

Notizen:______________________

Notizen:______________________

107. Couscousbrei mit Gemüse

KH 47 g | EW 13 g | F 56 g

Zubereitungszeit: 25 Minuten
Portionen: 3
Schwierigkeitsgrad: leicht

Zutaten:

- 30 g Couscous
- 500 g gemischtes Gemüse
- 3 EL Rapsöl
- 2 EL Orangensaft

Zubereitung:

1. Kochen Sie den Couscous nach Packungsanweisung.
2. Waschen Sie das Gemüse, schälen Sie es und schneiden Sie es in kleinere Stücke und garen Sie es 15-20 Minuten.
3. Geben Sie nun den Couscous, das Rapsöl und den Orangensaft zu dem Gemüse und pürieren Sie alles bis ein feiner Brei entsteht.
4. Sollte der Brei zu fest werden, geben Sie noch etwas Orangensaft oder Wasser hinzu.

108. Avocado Kartoffelbrei

KH 46 g | EW 8 g | F 35 g

Zubereitungszeit: 22 Minuten
Portionen: 3
Schwierigkeitsgrad: leicht

Zutaten:

- 3 Kartoffeln
- 1 Avocado
- 1 EL Rapsöl

Zubereitung:

1. Kochen Sie die Kartoffeln ca. 20 Minuten bis sie gar sind.
2. Anschließen geben Sie die Kartoffeln, das Öl und das Fruchtfleisch der Avocado in einen Mixer und mixen Sie alles gut durch.

109. Karottenbrei

KH 14 g | EW 3 g | F 45 g

Zubereitungszeit: 10 Minuten
Portionen: 3
Schwierigkeitsgrad: leicht

Zutaten:

- 5 mittelgroße Möhren
- Wasser zum Kochen
- 3 EL Rapsöl

Zubereitung:

1. Waschen und schälen Sie jeweils die Karotten und schneiden Sie diese etwas kleiner.
2. Kochen Sie nun die Karotten in etwas Wasser ca. 10 Minuten gar.
3. Anschließen gießen Sie etwas Wasser ab und pürieren die Karotten mit dem Öl.
4. Je flüssiger Sie den Brei haben möchten desto mehr Wasser lassen Sie im Topf.

110. Karotten-Kürbisbrei

KH 24 g | EW 6 g | F 46 g

Zubereitungszeit: 10 Minuten
Portionen: 3
Schwierigkeitsgrad: leicht

Zutaten:

- 5 Möhren
- ¼ Hokkaido Kürbis
- Wasser zum Kochen
- 3 EL Rapsöl

Zubereitung:

1. Waschen und schälen Sie das Gemüse und schneiden Sie es etwas kleiner.
2. Kochen Sie nun das Gemüse in etwas Wasser ca. 10 Minuten gar.
3. Anschließen gießen Sie etwas Wasser ab und pürieren das Gemüse mit dem Öl.
4. Je flüssiger Sie den Brei haben möchten desto mehr Wasser lassen Sie im Topf.

111. Getreidebrei mit Dinkelflocken und Waldbeeren

KH 22 g | EW 4 g | F 17 g

Zubereitungszeit: 1 Minute
Portionen: 1
Schwierigkeitsgrad: leicht

Zutaten:

- 20 g milchfreier Dinkel-Getreidebrei
- 200 ml lauwarmes Wasser
- 100 g TK Beeren
- 1 EL Rapsöl

Zubereitung:

1. Lassen Sie die Beeren auftauen und pürieren Sie diese.
2. Rühren Sie den Brei wie auf der Verpackung beschrieben an.
3. Zum Schluss rühren Sie das Rapsöl unter den Brei und geben das Beerenpürree obendrauf.

112. Pastinakenbrei

KH 11 g | EW 3 g | F 45 g

Zubereitungszeit: 10 Minuten
Portionen: 3
Schwierigkeitsgrad: leicht

Zutaten:

- 1-2 Pastinaken
- Wasser zum Kochen
- 3 EL Rapsöl

Zubereitung:

1. Waschen und schälen Sie die Pastinaken und schneiden Sie diese etwas kleiner.
2. Kochen Sie nun die Pastinaken in etwas Wasser ca. 10 Minuten gar.
3. Anschließen gießen Sie etwas Wasser ab und pürieren die Pastinaken mit dem Öl.
4. Je flüssiger Sie den Brei haben möchten desto mehr Wasser lassen Sie im Topf.

113. Grundrezept Gemüsebrei

KH 14 g | EW 5 g | F 28 g

Zubereitungszeit: ca. 10 Minuten
Portionen: 3
Schwierigkeitsgrad: leicht

Zutaten:

- 200 g Gemüse
- Wasser zum Kochen
- Rapsöl oder andere

Zubereitung:

1. Waschen, schälen und schneiden Sie das Gemüse in kleinere Stücke.
2. Gare das Gemüse in so wenig Wasser wie möglich, am besten in einen Dampfgarer.
3. Püriere das Gemüse und nehme nur das ab was jetzt verfüttert werden soll. Dort misch du das Öl, ca. 2 EL ein.
4. Den restlichen Brei kannst du am besten in Eiswürfelbehältern einfrieren und so später portionsweise auftauen.

114. Porridge für 3 Tage

KH 127 g | EW 35 g | F 42 g

Zubereitungszeit: 10 Minuten
Portionen: 3
Schwierigkeitsgrad: leicht

Zutaten:

- 150 g Haferflocken
- 30 g geschrotete Leinsamen oder Chiasamen
- ca. 400 ml Wasser
- 100 ml Milch
- 2 EL Mandelmus oder Erdnussbutter
- 1EL Zimt
- ½ Banane
- Obst nach Saison

Zubereitung:

1. Geben Sie die Haferflocken, die Leinsamen, das Wasser, den Zimt und die Milch in einen Topf und lassen Sie alles aufkochen.
2. Wenn die Haferflocken andicken, rühren Sie das Mandelmus unter.
3. Verteilen Sie den Porridge auf 3 Behälter und geben Sie das Obst, was Sie selber gerne essen möchten Oben auf. Auch Nüsse passen gut.
4. Guter verschließen und in den Kühlschrank stellen.

115. Linsen und Quinoa

KH 253 g | EW 177 g | F 150 g

Zubereitungszeit: 25 Minuten
Portionen: 3
Schwierigkeitsgrad: leicht

Zutaten:

- 250 g Linsen
- 250 g Quinoa
- 3 Tomaten
- 1 Avocado
- 50 ml Zitronensaft
- 2 gekochte Rote Beete
- 300 g Feldsalat o.ä.
- 200 g Zucchini
- 150 g Pilze
- 1 Paprika
- 540 g Hühnchen o.ä.
- Salz, Pfeffer

Zubereitung:

1. Kochen Sie die Linsen und den Quinoa wie auf der Packungsanweisung.
2. Waschen und schneiden Sie die Tomaten, die Zucchini, die Pilze, die Rote Beete, die Avocado und die Paprika klein und stellen Sie alles beiseite.
3. Waschen Sie den Salat und verteilen Sie ihn auf 3 Boxen.
4. Braten Sie die Zucchini, die Pilze und die Paprika kurz an und würzen Sie diese nach Geschmack.
5. Waschen und schneiden Sie das Fleisch klein und braten Sie es.
6. Verteilen Sie nun die Linsen und den Quinoa auf die Boxen und geben Sie die Tomaten und die Rote Beete hinzu.
7. Geben Sie jetzt auch das Pfannengemüse und das Fleisch mit in die Boxen.
8. Vermengen Sie die Avocado mit dem Zitronensaft und geben Sie diese auch mit in die Boxen.

116. Couscous

KH 149 g | EW 54 g | F 51 g

Zubereitungszeit: 15 Minuten
Portionen: 2
Schwierigkeitsgrad: leicht

Zutaten:

- 150 g Couscous
- 1 Gemüsebrühwürfel
- Wasser
- 150 g Möhren
- 10 g Olivenöl
- 30 g frische Petersilie
- 50 ml Zitronensaft
- Salz, Pfeffer
- 1 Dose Thunfisch
- 120 g Mais
- 150 g Tomaten

Zubereitung:

1. Bereiten Sie den Couscous nach Packungsanweisung zu. Den Brühwürfel geben Sie vorher in das Wasser für den Couscous.
2. Schälen Sie die Möhren und Raspeln Sie diese kleine.
3. Schneiden Sie die Tomaten in Würfel und hacken Sie die Petersilie grob durch.
4. Geben Sie die Möhren, die Petersilie, das Olivenöl und den Zitronensaft in eine Schüssel und mischen Sie alles einmal kurz durch.
5. Fügen Sie die Tomaten, den Mais, den Couscous und den Thunfisch hinzu.
6. Würzen Sie alles mit Salz und Pfeffer und vermengen Sie es gut.

117. Overnight Oat für Kinder

KH 129 g | EW 28 g | F 18 g

Zubereitungszeit: 3 Minuten
Portionen: 1
Schwierigkeitsgrad: leicht

Zutaten:

- 1 Banane
- 150 g Haferflocken
- 20 g Kakaopulver
- 100 ml Milch

Zubereitung:

1. Geben Sie erst die Haferflocken, dann das Kakaopulver, dann die Banane und zum Schluss die Milch in einen Behälter.
2. Rühren Sie alles gut durch und stellen sie den Behälter über Nacht in den Kühlschrank.

118. Ayurveda Karottensalat

KH 76 g | EW 48 g | F 96 g

Zubereitungszeit: 15 Minuten
Portionen: 3-4
Schwierigkeitsgrad: leicht

Zutaten:

- 8 Große Karotten
- 1 Apfel
- 1TL Currymischung
- 50 g grob gehackte Walnüsse
- 15 g Basilikum (20 Blätter)
- 200 g Tofu
- 100 ml Orangensaft
- 3 EL Sesamöl
- 1 Stange Zitronengras
- 1 TL Salz
- 1 EL Ahornsirup

Zubereitung:

1. Schälen Sie die Karotten und raspeln oder schälen sie diese einfach mit dem Sparschäler weiter ab.
2. Schälen und raspeln Sie den Apfel. Geben Sie beides in eine Schüssel.
3. Hacken Sie das Zitronengras ganz fein und geben Sie es auch mit in die Schüssel.
4. Nun gebe Das Öl, die Currymischung, das Salz und den Ahornsirup mit in die Schüssel und rühre alles gut durch.
5. Schneide den Tofu in kleine Würfel und geben Ihn auch in die Schüssel.
6. Zum Schluss noch die Walnüsse und das Basilikum unterrühren und einige Minuten ziehen lassen.

119. Wikinger Pasta

KH 102 g | EW 56 g | F 48 g

Zubereitungszeit: 20 Minuten
Portionen: 2
Schwierigkeitsgrad: leicht

Zutaten:

- 50 g Kohlrabi
- 1 EL Rapsöl
- 150 g Rinderhackfleisch
- 120 g kleine Nudeln
- 200 ml Gemüsebrühe
- 150 ml Milch
- 150 g Erbsen-Möhren-Mischung TK

Zubereitung:

1. Schneiden Sie den Kohlrabi in kleine Würfel
2. Erhitzen Sie das Öl in einem Topf und braten Sie das Hackfleisch krümelig.
3. Geben Sie den Kohlrabi hinzu und braten Sie diesen 3 Minuten mit.
4. Fügen Sie nun die Nudeln, die Gemüsebrühe, die Milch und die TK Mischung hinzu.
5. Lassen Sie alles kurz aufkochen und dann bei mittlerer Stufe 10 Minuten ohne Deckel Köcheln.

120. Selbstgemachte Köttbullar

KH 317 g | EW 340 g | F 378 g

Zubereitungszeit: 60 Minuten
Portionen: 4
Schwierigkeitsgrad: mittel

Zutaten:

Hackbällchen

- 4 Zwiebeln
- 2 Knoblauchzehen
- 40 g Butterschmalz
- 1kg Rinderhackfleisch
- 50 g festkochende Kartoffeln
- 1 Bund Petersilie
- 2 Eier
- 1,5 TL Salz
- 1 TL Senf
- 50 g Paniermehl

Rahmsauce

- 40 g Butter
- 40 g Mehl
- 500 ml Rinderbrühe
- Schuss Weißwein
- 100 ml Sahne
- Spritzer Zitronensaft
- Salz, Pfeffer, Lorbeerblatt

Kartoffelpüree

- 1kg mehlige Kartoffeln, geschält
- 120 g Butter
- 1-2 Knoblauchzehen
- 120 ml Milch
- Muskatnuss, Salz, Pfeffer

Für Kindermünder

Zubereitung:

1. Schneiden Sie die Zwiebel und den Knoblauch in kleine Würfel und braten Sie diese mit dem Butterschmalz in einer Pfanne glasig.
2. Reiben Sie die Kartoffel und hacken Sie die Petersilie.
3. Verkneten Sie nun das Hackfleisch mit den restlichen Zutaten, den Gewürzen und den glasigen Zwiebeln. Anschließen stellen Sie die Masse für mindestens 30 Minuten in den Kühlschrank.
4. Heizen Sie den Ofen auf 190 °C Umluft vor und formen Sie etwa 3 cm große Bällchen aus der Hackmasse.
5. Legen Sie die Hackbällchen auf ein mit Backpapier belegtes Blech, oder eine Auflaufform, und garen Sie diese für ca. 20 Minuten.
6. Schälen und schneiden Sie die Kartoffeln.
7. Kochen Sie die Kartoffel in Salzwasser bis Sie gar sind.
8. Schmelzen Sie Butter in der selben Pfanne wie für die Zwiebeln und rühren Sie das Mehl ein. Lassen sie es ca. 2 Minuten braten.
9. Nun löschen Sie die Pfanne mit der Brühe und dem Weißwein ab.
10. Fügen Sie die Sahne, den Zitronensaft und das Lorbeerblatt hinzu und schmecken Sie es mit Salz und Pfeffer ab.
11. Lassen Sie die Sauce auf kleiner Stufe ca. 15 Minuten, mit Deckel, köcheln.
12. Gießen Sie die Kartoffeln ab und geben Sie in den Topf die ausgedrückten Knoblauchzehen, die Butter und die Butter.
13. Zerstampfen Sie alles zusammen und schmecken Sie den Püree nach Belieben mit Muskat, Salz und Pfeffer ab.
14. Legen Sie die Hackbällchen erst kurz vor dem Verzehr in die Sauce.

121. Nudelmuffins

KH 209 | EW 115 g | F 97 g

Zubereitungszeit: 50 Minuten
Portionen: 16 Stück
Schwierigkeitsgrad: einfach

Zutaten:

- 250 g kleine Nudeln
- 150 g Erbsen TK
- 100 g gekochter Schinken
- 3 Lauchzwiebeln
- 4 Eier
- 200 ml Milch
- 2 EL Butter
- Öl zum einfetten
- Paniermehl
- 100 g gerieben Käse

Zubereitung:

1. Heizen Sie den Ofen auf 150 °C vor und fetten Sie die Muffinform mit dem Öl. Geben Sie das Paniermehl in die Förmchen, so dass die Ränder der Formen damit bedeckt sind.
2. Stellen Sie einen Topf mit Salzwasser auf den Herd und kochen Sie die Nudeln.
3. Geben Sie in den letzten 3-4 Minuten die Erbsen mit in den Kochtopf.
4. Schneiden Sie den Schinken in kleine Würfel und die Lauchzwiebeln in feine Ringe.
5. Verquirlen Sie die Eier mit der Milch und würzen Sie diese Mischung mit Salz und Pfeffer.
6. Gießen Sie die Nudeln ab und geben Sie den Schinken und die Lauchzwiebeln unter.
7. Füllen Sie die Muffinformen mit den Nudeln und schütten Sie die Eier-Milch-Mischung ein.
8. Verteilen Sie den Käse auf den Nudeln und backen Sie die Muffins für 30 Minuten im Backofen.

122. Möhrentarte

KH 197 g | EW 104 g | F 241 g

Zubereitungszeit: 80 Minuten
Portionen: 6
Schwierigkeitsgrad: mittel

Zutaten:

- 200 g Mehl
- 1 Ei
- 160 g kalte Butter
- Salzwasser
- 800 g Möhren
- 4 Eier
- 200 g Quark
- 100 g Crème Fraiche
- 100 ml Sahne
- 50 g geraspelten Käse
- Salz, Pfeffer, Muskatnuss

Zubereitung:

1. Verkneten Sie das Mehl, ein Ei, etwas Salz und die kalte Butter in flocken gezupft zu einen glatten Teig und stellen Sie diesen anschließen für 30 Minuten in den Kühlschrank.
2. Schälen Sie die Möhren und schneiden Sie diese in feine Scheiben.
3. Kochen Sie die Möhren ca. 3 Minuten in Salzwasser. Gießen Sie das Wasser ab und stellen Sie den Topf erstmal beiseite.
4. Heizen Sie den Ofen auf 200 °C Ober-/Unterhitze vor und fetten Sie schon mal die Tarteform.
5. Vermischen Sie den Quark, die Sahne, die Crème Fraiche und die Eier und schmecken Sie die Mischung mit Salz und Pfeffer ab.
6. Rollen Sie den Mürbeteig so aus dass er gut in die Form passt. Stechen sie mit einer Gabel mehrmals Löcher in den Teig.
7. Füllen Sie nun die Möhren gleichmäßig in die Form ein und geben Sie Schicht für Schicht immer etwas von der Quark-Ei-Mischung unter.
8. Am Ende den letzten Quark oben drauf geben und den geraspelten Käse verstreuen.
9. Nun für 40 Minuten im Ofen backen.

123. Gemüsegulasch

KH 60 g | EW 41 g | F 26 g

Zubereitungszeit: 20 Minuten
Portionen: 2
Schwierigkeitsgrad: leicht

Zutaten:

- 3 große Kartoffeln
- 1 dicke Möhre
- 2 kleine Zucchini
- 1 Dose Tomaten in Stücken
- 150 g Hackfleisch
- ½ Zwiebel

Zubereitung:

1. Schäle und würfeln Sie die Möhre und die Kartoffel.
2. Anschließend kochen Sie beides in leichtem Salzwasser bissfest.
3. Währenddessen dünsten Sie die Zwiebelwürfel mit der Zucchini.
4. Erst wenn die Zucchini weich genug ist fügen Sie das Hackfleisch hinzu.
5. Löschen Sie alles mit den Tomaten ab und lassen sie alles einige Minuten köcheln.
6. Heben Sie zum Schluss die Kartoffel- und Möhrenwürfel unter und schmecken Sie alles nach Belieben mit Salz, Pfeffer und anderen Gewürzen nach Geschmack ab.

124. Frühstückspizza

KH 115 g | EW 20 g | F 16 g

Zubereitungszeit: 20 Minuten
Portionen: 2
Schwierigkeitsgrad: leicht

Zutaten:

- 100 g Haferflocken
- 1TL Leinsamen
- 200 g Obstmus
- 1 EL Wasser
- 150 g Naturjoghurt
- 200 g Obst der Saison

Zubereitung:

1. Heizen Sie den Ofen auf 200 °C Ober-/ Unterhitze vor und belegen Sie ein Backblech mit einem Backpapier.
2. Vermischen Sie die Haferflocken, die Leinsamen, dem Obstmus und dem Wasser. Lassen Sie alles ca. 5 Minuten quellen.
3. Danach streichen Sie die Masse kreisrund auf das vorbereitete Blech und backen Sie die Haferpizza für 10 Minuten.
4. Wenn die Pizza fertig ist, bestreichen Sie diese mit dem Joghurt und verteilen das Obst ihrer Wahl als Topping oben drauf.

125. Gemüseeintopf mit Fleischbällchen

KH 64 g | EW 37 g | F 23 g

Zubereitungszeit: 15 Minuten
Portionen: 2
Schwierigkeitsgrad: leicht

Zutaten:

- 2 Kartoffeln
- 3 Möhren
- 1 kleine Tasse Erbsen
- etwas Vollkornmehl
- etwas Öl
- 100 g gemischtes Hackfleisch

Zubereitung:

1. Schälen und würfeln Sie die Möhren und die Kartoffeln.
2. Geben Sie dann etwas Öl in einen Topf und braten Sie das Gemüse darin an.
3. Fügen Sie nach 2-3 Minuten etwas Mehl hinzu und gießen Sie alles mit 300 ml Wasser auf.
4. Währen der Eintopf 5 Minuten köchelt, formen sie aus dem Hackfleisch kleine Bällchen.
5. Geben Sie nun die Hackfleischbällchen mit in den Topf und lassen Sie den Eintopf weitere 5 Minuten köcheln.
6. Nach Bedarf mit Salz und Pfeffer würzen.

126. Milchreis

KH 154 g | EW 43 g | F 55 g

Zubereitungszeit: 40 Minuten
Portionen: 4
Schwierigkeitsgrad: leicht

Zutaten:

- 250 g Milchreis
- 1 Liter Milch
- 3 EL Zucker
- 1 Pck. Vanillezucker
- 1 EL Butter

Zubereitung:

1. Zerlassen sie die Butter in einem Topf und dünsten Sie den Milchreis ca. 3 Minuten darin an.
2. Nun Geben Sie die restlichen Zutaten hinzu und lassen Sie es unter gelegentlichen rühren aufkochen.
3. Stellen Sie die Hitze runter und lassen Sie den Milchreis für 15 Minuten mit Deckel köcheln.
4. Rühren Sie einmal kräftig durch und lassen Sie den Milchreis weitere 15 Minuten köcheln.

127. Polenta-Käse-Sticks

KH 24 g | EW 52 g | F 75 g

Zubereitungszeit: 20 Minuten
Portionen: 4
Schwierigkeitsgrad: leicht

Zutaten:

- 200 g Polenta
- 500 ml Wasser
- 150 g geriebener Mozzarella
- 50 g Parmesan
- Oregano, Salz
- Brösel zum Wälzen
- Öl

Zubereitung:

1. Kochen Sie die Polenta mit dem Wasser unter dauerhaften rühren zu einen Brei.
2. Rühren Sie den Käse unter und füllen Sie die Masse in eine rechteckige Form.
3. Lassen Sie die Masse abkühlen.
4. Anschließend stürzen Sie die Polenta und schneiden Sticks aus.
5. Wenden Sie diese in den Bröseln und braten Sie die Polentasticks von allen Seiten etwas an.

128. Nudelsalat mit Nori-Rollen

KH 158 g | EW 60 g | F 88 g

Zubereitungszeit: 30 Minuten
Portionen: 2
Schwierigkeitsgrad: mittel

Zutaten:

- 250 g Pasta
- 100 g Kirschtomaten
- 250 g Bohnen, Dose oder frisch gekocht
- 2 Lauchzwiebeln
- 1 EL Zitronensaft
- 4 EL Mandelmilch
- 2TL Senf
- 4 EL Wasser
- Nori Blatt
- Gemüse nach Wahl
- 200 g Cashewkerne
- 100 ml Wasser
- 1 EL Misopaste
- 1 EL Hefeflocken

Zubereitung:

1. Kochen Sie die Nudeln nach Packungsanweisung.
2. Pürieren Sie die Lauchzwiebeln, den Zitronensaft, die Mandelmilch, das Wasser und den Senf zu einem Dressing.
3. Halbieren oder vierteln sie die Kirschtomaten.
4. Vermengen Sie nun die Nudeln, die Tomaten und die Bohnen.
5. Geben Sie das Dressing dazu und rühren Sie noch einmal durch.
6. Schneiden Sie das Gemüse Ihrer Wahl in Stäbe.
7. Geben Sie die Cashewkerne, das Wasser, die Misopaste und die Hefeflocken in einen Mixer und mixen Sie alles bis eine Creme entsteht.
8. Beschmieren sie einen Teil des Nori Blattes mit der Creme und legen Sie Ihre Gemüsesticks ein.
9. Nun noch aufrollen und schneiden.

129. Couscous Salat für unterwegs

KH 195 g | EW 28 g | F 25 g

Zubereitungszeit: 15 Minuten
Portionen: 4
Schwierigkeitsgrad: leicht

Zutaten:

- 200 g Couscous
- 2 Paprika
- 1 Granatapfel
- 2 kleine rote Zwiebel
- 1 Gurke
- 4 TL Gemüsebrühepulver
- 1 Zitrone
- 6 Tomaten
- 4 Karotten

Zubereitung:

1. Bereiten Sie den Couscous nach Packungsanweisung zu.
2. Schneiden Sie die Tomaten, die Paprika, die Gurke und die Zwiebel in kleine Würfel und schälen Sie den Granatapfel, dass nur noch die Kerne übrig sind.
3. Geben Sie alles in eine Schüssel und fügen Sie den Couscous und den Zitronensaft hinzu.
4. Würzen Sie mit Salz und Pfeffer nach Geschmack und rühren Sie alles gut durch.

130. Sommer-Couscous-Salat

KH 164 g | EW 61 g | F 113 g

Zubereitungszeit: 30 Minuten
Portionen: 6
Schwierigkeitsgrad: mittel

Zutaten:

- 150 g Couscous
- 1 Zucchini
- 1 Süßkartoffel
- 2 Rote Beete
- 100 g Feta
- 100 g Walnüsse
- 100 g Joghurt
- 1 Limette
- 0,5 Avocado
- Salz, Pfeffer
- 1 TL Ahornsirup
- 300 g grüner Spargel
- 150 g Edamame

Zubereitung:

1. Heizen Sie den Ofen auf 180 °C Umluft vor und belegen Sie ein Backblech mit Backpapier.
2. Bereiten Sie den Couscous nach Packungsanweisung zu.
3. Schneiden Sie die Süßkartoffeln und die Rote Beete in kleine Stücke und vermengen Sie diese mit etwas Olivenöl.
4. Verteilen Sie alles auf dem vorbereiteten Blech und stellen Sie es für ca.12 Minuten in den Ofen.
5. Lassen Sie die Edamame auftauen, falls TK.
6. Schneiden Sie die Zucchini und den Spargel, Spargelenden schälen oder wegschmeißen, und braten Sie beides in einer Pfanne an. Würzen Sie das Gemüse mit Salz und Pfeffer.
7. Würfel Sie den Feta
8. Geben Sie alles in eine Schüssel und mischen Sie es schon mal vor.
9. Mixen Sie aus dem Joghurt, dem Limettensaft, der Avocado und dem Ahornsirup ein Dressing und schmecken Sie es mit Salz und Pfeffer ab.
10. Anschließen unter den Salat rühren oder extra geben.

131. Pausen-Burger

KH 22 g | EW 12 g | F 32 g

Zubereitungszeit: 5 Minuten
Portionen: 1
Schwierigkeitsgrad: leicht

Zutaten:

- 1 Avocado
- etwas Zitronensaft
- 1 TL Crème fraîche
- 1 Scheibe Käse
- 1 Scheibe gekochter Schinken
- 1 EL gehackte ungesalzene Erdnüsse
- 1 Softbrötchen

Zubereitung:

1. Lösen Sie das Fruchtfleisch aus der Avocado und vermischen Sie es mit dem Zitronensaft und der Crème fraîche.
2. Verteilen Sie die Avocadocreme großzügig auf beiden Hälfen des Brötchens.
3. Streuen Sie die gehackten Erdnüsse auf die Creme.
4. Belegen Sie nun das Brötchen mit dem Käse und dem Schinken und klappen Sie beide Hälfen zusammen.
5. Jetzt noch in Pergamentpapier ein wickeln.

132. Käseigel in Pitabrot

KH 60 g | EW 16 g | F 20 g

Zubereitungszeit: 5 Minuten
Portionen: 1
Schwierigkeitsgrad: leicht

Zutaten:

- 2 TL Butter
- 1 kleines Pitabrot
- 2 EL Cheddar gewürfelt
- 1 EL Trauben ohne Kerne
- 2 Prisen Paprikapulver
- 1 EL Eisbergsalat in Streifen geschnitten

Zubereitung:

1. Schneiden Sie in das Pitabrot eine Tasche und beschmieren Sie das Innere mit Butter.
2. Halbieren Sie die Trauben und vermengen Sie diese mit dem Käse und dem Paprikapulver.
3. Geben Sie den Eisbergsalat mit zur Käse-Mischung und füllen Sie alles in das Pitabrot.

133. Gefülltes Fladenbrot

KH 198 g | EW 74 g | F 116 g

Zubereitungszeit: 15 Minuten
Portionen: 6
Schwierigkeitsgrad: leicht

Zutaten:

- ½ Kopfsalat
- 3 Tomaten
- 1 Zwiebel
- 1 Dose Thunfisch, 185 g
- 1 großes Fladenbrot
- 100 g Salatmayonnaise
- Salz, Pfeffer

Zubereitung:

1. Waschen Sie den Salat und teilen Sie ihn in Blätter.
2. Schneiden Sie die Tomaten und die Zwiebeln in Scheiben, bzw. Ringe.
3. Lassen Sie den Thunfisch abtropfen.
4. Schneiden Sie das Fladenbrot in 6 Teile und schneiden Sie diese auf.
5. Beschmieren Sie die untere Hälfte mit der Mayonnaise und belegen Sie das Brot mit dem Salat, den Tomaten und den Zwiebelringen.
6. Verteilen Sie den Thunfisch gleichmäßig und würzen Sie alles mit Salz und Pfeffer.

134. Reispuffer mit Gemüse

KH 210 g | EW 58 g | F 44 g

Zubereitungszeit: 20 Minuten
Portionen: 10-12 Stück
Schwierigkeitsgrad: leicht

Zutaten:

- 125 g Reis
- 200 g Zucchini
- 75 g Mais
- 1 kleine Paprika
- 100 g geriebener Käse
- 1 großes Ei
- 75 g Mehl
- Salz, Pfeffer

Zubereitung:

1. Kochen Sie den Reis nach Packungsanweisung und lassen Sie ihn anschließend gut abkühlen.
2. In dieser Zeit Raspeln Sie die Zucchini, schneiden Sie die Paprika in kleine Würfel und lassen den Mais abtropfen.
3. Ist der Reis abgekühlt, vermengen Sie ihn mit dem Gemüse, dem Mehl und dem Ei.
4. Würzen Sie die Masse mit Salz und Pfeffer.
5. Formen Sie nun 10-12 kleine Puffer und braten Sie diese in einer Pfanne.

135. Apfel-Bananen Waffeln

KH 154 g | EW 34 g | F 64 g

Zubereitungszeit: 20 Minuten
Portionen: 8
Schwierigkeitsgrad: leicht

Zutaten:

- 1 reife Banane
- 1 Apfel
- 75 g Mehl
- 75 g Grieß
- 60 g Butter
- 2 Eier
- 125 g Buttermilch

Zubereitung:

1. Zerdrücken Sie die Banane mit der Gabel und raspeln Sie den Apfel ganz fein.
2. Trennen Sie die Eier und schlagen Sie das Eiweiß steif.
3. Verrühren Sie nun die Banane, den Apfel, das Eigelb, das Mehl, den Grieß, die Butter und die Buttermilch.
4. Geben Sie zum Schluss den Eischnee vorsichtig unter.
5. Nun nur noch im Waffeleisen ausbacken.

136. Gefüllte Laugenstange

KH 114 g | EW 28 g | F 24 g

Zubereitungszeit: 15 Minuten
Portionen: 2
Schwierigkeitsgrad: leicht

Zutaten:

- 1 Laugenstange
- 50 g Frischkäse
- 1 Scheibe oder ein paar kleine Würfel Käse
- 2 Scheiben Putenbrustaufschnitt
- 1 EL Mais
- 1 EL Gurke in Würfel
- 1 EL Tomate in Würfel

Zubereitung:

1. Schneiden Sie beide Enden der Laugenstange ab und hüllen Sie diese mit dem Löffel aus.
2. Mischen Sie den Frischkäse mit etwas Milch und fügen Sie die anderen Zutaten und die Laugenkrümel hinzu.
3. Mischen Sie alles gut durch und geben Sie die Masse vorsichtig wieder zurück in die Laugenstange.
4. Zum Schluss schneiden Sie die Laugenstange noch in Scheiben.

Pasta

Notizen:________________________

Notizen:________________________

Notizen:________________________

Notizen:________________________

Notizen:________________________

Notizen:________________________

137. Bruschetta Pasta

KH 310 g | EW 212 g | F 164 g

Zubereitungszeit: 45 Minuten
Portionen: 4
Schwierigkeitsgrad: leicht

Zutaten:

- 400 g Pasta
- 500 g Hähnchenbrustfilet
- 80 g Parmesan, gehobelt
- 800 g Flaschentomaten
- 30 g Basilikum, gehackt
- 7 EL Olivenöl
- 2-3 Knoblauchzehen
- 1 TL Zucker
- Salz, Pfeffer

Zubereitung:

1. Stellen Sie einen großen Topf mit Salzwasser, für die Pasta, auf den Herd.
2. Waschen und schneiden Sie nun die Tomaten sehr klein und vermengen Sie sie mit 6 EL Olivenöl, dem Knoblauch und dem gehackten Basilikum. Schmecken sie alles mit Salz und Pfeffer gut ab.
3. Braten Sie die Hähnchenbrustfilets und würzen Sie sie schon ein bisschen mit Salz.
4. Wenn das Salzwasser kocht, fügen Sie die Pasta hinzu und Kochen Sie sie nach Packungsangaben.
5. Wenn die Pasta fast fertig ist, entnimmst du eine Schöpfkelle Nudelwasser, gießt die Nudeln ab und tust sie anschließend wieder in den Topf.
6. Das fertig gebratene Hähnchenbrustfilet legen Sie auf ein Brett und zerpflücken es mit 2 Gabeln in kleine Stücke.
7. Jetzt gibst du das Nudelwasser, die Hähnchenbrust, den Parmesan und das Bruschetta in den Topf zu der Pasta und vermengst alles.
8. Zum Schluss nochmals abschmecken.

138. Frühlingspasta mit Spargel

KH 353 g | EW 128 g | F 190 g

Zubereitungszeit: 25 Minuten
Portionen: 4
Schwierigkeitsgrad: leicht

Zutaten:

- 400 g Pasta
- 1 Bund grünen Spargel
- 1 Bund Frühlingszwiebeln
- 300 g Sahne
- 40 g Butter
- 100 ml Weißwein
- 150 g Parmesan
- 2 Knoblauchzehen
- 20 g Bärlauch
- Salz und Pfeffer

Zubereitung:

1. Zuerst setzen Sie einen Kochtopf mit Salzwasser, zum Kochen auf den Herd und garen Sie die Pasta nach Packungsanweisung.
2. Waschen und schneiden Sie den Spargel in kleine Stücke. Das untere Drittel des Spargels können Sie schälen oder wegschneiden.
3. Waschen Sie die Frühlingszwiebeln und schneiden Sie sie in feine Ringe.
4. Den Knoblauch schälen und hacken Sie.
5. Heizen Sie nun eine Pfanne an und zerlassen Sie die Butter. Geben Sie den Spargel, die Frühlingszwiebeln und den Knoblauch hinzu und dünsten Sie alles für ca. 5 Minuten.
6. Löschen Sie die Pfanne mit dem Weißwein ab und lassen Sie alles etwas einkochen.
7. Geben Sie die Sahne hinzu, wenn kaum noch Weißwein vorhanden ist.
8. Lassen Sie alles etwas köcheln und geben Sie den Parmesan unter bis alles geschmolzen ist.
9. Nun noch mit Salz und Pfeffer abschmecken und den gehackten Bärlauch einstreuen.

139. Pasta mit gegrillten Kirschtomaten

KH 314 g | EW 79 g | F 180 g

Zubereitungszeit: 30 Minuten
Portionen: 4
Schwierigkeitsgrad: leicht

Zutaten:

- 400 g Pasta
- 750 g Kirschtomaten
- 50 g Pecorino oder Parmesan
- 2 Knoblauchzehen
- 1 Chilischote
- 8-9 EL Olivenöl
- 2 TL Oregano
- 50 g Basilikum
- Salz, Pfeffer

Zubereitung:

1. Heizen Sie den Ofen auf 200 °C Umluft vor.
2. Waschen und halbieren Sie die Kirschtomaten.
3. Schneiden Sie den Knoblauch und die Chilischote klein.
4. Schichten Sie die Kirschtomaten in eine eingefettete Auflaufform und geben Sie den Knoblauch und die Chilischote, sowie 4 EL Olivenöl und Oregano über die Tomaten.
5. Backen Sie alles auf mittlerer Schiene für 20 Minuten.
6. Währenddessen kochen Sie die Pasta nach Packungsanweisung.
7. Sind die Tomaten fertig geben Sie die Pasta zu den Tomaten und würzen alles mit Salz und Pfeffer.
8. Zum Schluss noch den geriebenen Käse und den gehackten Basilikum drüber streuen.

140. Scharfe Spaghetti mit gerösteten Brotkrumen

KH 422 g | EW 79 g | F 216 g

Zubereitungszeit: 25 Minuten
Portionen: 4
Schwierigkeitsgrad: leicht

Zutaten:

- 500 g Spaghetti
- 200 ml Olivenöl
- 50 g Blattpetersilie
- 3 Chilischoten
- 8 junge Knoblauchzehen
- 50 g altes Weißbrot
- 3-4 EL Olivenöl
- 1 EL Zitronensaft
- Salz, Pfeffer

Zubereitung:

1. Setzen Sie einen Topf mit Salzwasser zum Kochen der Pasta auf den Herd und kochen Sie diese nach Packungsanweisung. Wenn die Pasta fertig und abgegossen ist, geben Sie sie zurück in den Topf.
2. Schneiden Sie das Weißbrot klein und rösten Sie es mit ca. 3-4 EL Öl in einer Pfanne, bis es goldbraun ist.
3. Schneiden Sie nun die Knoblauchzehen und die Chilischoten klein und hacken Sie die Petersilie.
4. Setzen Sie einen Topf auf den Herd und erhitzen Sie das Öl.
5. Wenn das Öl heiß genug ist, rösten Sie den Knoblauch leicht braun an, geben Sie dann die Chilischoten und die gehackte Petersilie hinzu und nehmen Sie den Topf von der Kochstelle.
6. Würzen Sie alles mit Salz und Pfeffer und mischen es gut durch.
7. Geben Sie die fertige Öl- Mischung und den gerieben Käse, sowie den Zitronensaft zu der Pasta und vermengen Sie nun alles.
8. Zum Schluss, beim Anrichten geben sie die gerösteten Brotkrumen über Ihr fertiges Essen.

141. Spaghetti mit Hackfleischbällchen und Tomatensauce

KH 385 g | EW 166 g | F 173 g

Zubereitungszeit: 40 Minuten
Portionen: 4
Schwierigkeitsgrad: leicht

Zutaten:

- 400 g Spaghetti
- 400 g Rinderhackfleisch
- 1 mittelgroße Kartoffel
- 1 Ei
- 1 mittelgroße Zwiebel
- 50 g Blattpetersilie, gehackt
- Mehl
- 5 EL Olivenöl
- 500 ml passiert Tomaten
- 2 EL Tomatenmark
- Salz, Pfeffer, Zucker

Zubereitung:

1. Kochen Sie die Kartoffel bis sie gar ist und zerdrücken Sie sie mit einer Gabel.
2. Setzen Sie einen Topf mit Salzwasser auf und kochen Sie die Spaghetti nach Packungsanweisung.
3. Hacken Sie in der Zeit die Petersilie und die Zwiebel und geben Sie alles mit dem Hackfleisch, dem Ei und der Kartoffel in eine Schüssel.
4. Würzen Sie die Hackfleischmasse mit Salz und Pfeffer und vermengen Sie alles.
5. Formen Sie nun kleine Hackfleischbällchen aus der Masse und rollen Sie sie einmal durchs Mehl.
6. Braten Sie die Hackbällchen im Öl einmal rundum, ca. 8-10 Minuten, an.
7. Geben Sie das Tomatenmark und die passierten Tomaten hinzu und lassen sie alles köcheln bis die Sauce dicker wird.
8. Geben Sie die gekochten Spaghetti unter die Sauce und schmecken Sie alles noch einmal mit Salz, Pfeffer und Zucker ab.

142. Cremige Lachs-Pasta

KH 296 g | EW 136 g | F 59 g

Zubereitungszeit: 15 Minuten
Portionen: 4
Schwierigkeitsgrad: leicht

Zutaten:

- 400 g Pasta
- 400 g Lachs
- Olivenöl
- 2 Knoblauchzehen
- 250 g Kirschtomaten
- 2 EL Frischkäse
- 150 ml Gemüsebrühe
- Salz, Pfeffer

Zubereitung:

1. Stellen Sie einen Topf mit Salzwasser zum Kochen auf den Herd.
2. Wenn das Wasser kocht, geben Sie die Pasta ins Wasser und kochen Sie sie nach Packungsanweisung.
3. Währenddessen braten Sie den Lachs in einer Pfanne und zerpflücken Sie ihn sobald er etwas abgekühlt ist.
4. Waschen und halbieren Sie die Kirschtomaten.
5. Schneiden Sie nun den Knoblauch in Scheiben und braten Sie ihn in etwas Olivenöl an. Geben Sie die Kirschtomaten, den Lachs, den Frischkäse und die Gemüsebrühe hinzu.
6. Schmecken Sie alles mit Salz und Pfeffer ab.
7. Wenn Sie wollen können Sie die Pasta unterheben oder Servieren beides einzeln.

143. Rote Linsen Bolognese

KH 352 g | EW 186 g | F 15 g

Zubereitungszeit: 35 Minuten
Portionen: für eine Woche
Schwierigkeitsgrad: leicht

Zutaten:

- 750 g Rote Linsen
- 250 ml Kokosmilch
- 1 Dose Tomaten, stückig
- 1 Zwiebel
- 3-4 Knoblauchzehen
- 1 daumengroßes Stück Ingwer
- 3 EL Gemüsebrühe, Pulver
- 3 EL Herbaria Kürbisgewürzpulver
- Kokosöl
- Kokosblütenzucker oder Honig

Zubereitung:

1. Würfeln Sie die Zwiebeln, den Knoblauch und den Ingwer, und braten Sie alles in etwas Kokosöl an.
2. Geben Sie die Gewürze und die abgespülten Roten Linsen.
3. Löschen Sie alles mit den Tomaten aus der Dose, der Kokosmilch und einer zusätzlichen Dose Wasser ab.
4. Kochen Sie alles auf kleiner Stufe, bis die Linsen weich geworden sind. Das dauert ca. 30 Minuten.
5. Schmecken Sie alles mit Salz und Pfeffer ab.

144. Pasta mit Avocadosoße

KH 365 g | EW 112 g | F 127 g

Zubereitungszeit: 15 Minuten
Portionen: 4
Schwierigkeitsgrad: leicht

Zutaten:

- 500 g Spaghetti
- 150 g Speckwürfel
- 2 Avocados
- 2 Knoblauchzehen
- 2 Eigelbe
- 150 g Schlagsahne
- 10 g Zitronensaft
- ½ TL Salz
- Pfeffer

Zubereitung:

1. Stellen Sie einen Topf mit Salzwasser auf den Herd und kochen Sie die Nudeln nach Packungsanweisung.
2. Mixen Sie das Fruchtfleisch der Avocado, die Eigelbe, die Schlagsahne, den Knoblauch, den Zitronensaft und etwas Salz sowie Pfeffer gut durch bis eine cremige Masse entsteht.
3. Braten Sie die Speckwürfel kross an.
4. Sobald die Nudeln fertig und abgegossen sind geben Sie die Avocadomasse und die Speckwürfel zu den Spaghetti.

145. Fruchtige Tomatensauce

KH 81 g | EW 27 g | F 32 g

Zubereitungszeit:10 Minuten
Portionen: 4
Schwierigkeitsgrad: leicht

Zutaten:

- 100 g Tomaten in Öl
- 250 g gestückelte Tomaten, Dose
- 100 g eingelegte Paprika
- 500 g passierte Tomaten
- 1 TL Oregano
- 1 TL Thymian
- ½ TL Chilipulver
- ½ TL Salz

Zubereitung:

1. Mixen Sie die Tomaten in Öl mit dem Stabmixer einmal gut durch.
2. Geben Sie alle Zutaten in einen kleinen Topf und kochen es für ca. 7 Min.
3. Schmecken Sie die Tomatensauce mit Salz, Pfeffer und Oregano nochmals nach.

146. Tortellini mit Bolognese

KH 389 g | EW 123 g | F 87 g

Zubereitungszeit: 20 Minuten
Portionen: 4
Schwierigkeitsgrad: leicht

Zutaten:

- 1 Zwiebel
- 1 Knoblauchzehe
- 1 Stange Staudensellerie
- 2 Karotten
- 30 g Öl
- 2 Dosen stückige Tomaten
- 1 TL Gemüsebrühepulver
- 1 TL italienische Kräuter
- 50 g Tomatenmark
- 250 g Hackfleisch
- 500 g Tortellini mit Käsefüllung, Kühlregal

Zubereitung:

1. Schneiden Sie die Zwiebel, den Knoblauch, den Sellerie und die Karotten in mundgerechte Stücke und geben Sie alles mit dem Öl in den Mixer.
2. Braten Sie das Hackfleisch in einem Topf an und geben Sie die Dosen Tomaten, das Brühepulver, die Kräuter und das Tomatenmark hinzu.
3. Köchen sie alles einmal auf und geben Sie den gemixten Gemüsemix unter und lassen Sie alles für ca. 10 Minuten köcheln.
4. Zum Schluss geben Sie die Tortellini hinzu und lassen es nochmal 3 Minuten köcheln.

147. Tex-Mex Pasta

KH 491 g | EW 137 g | F 126 g

Zubereitungszeit: 20 Minuten
Portionen: 4
Schwierigkeitsgrad: leicht

Zutaten:

- 500 g Pasta
- 2 rote Zwiebeln
- 2 Knoblauchzehen
- 25 g Öl
- 2 rote Spitzpaprika
- 1 Dose Kidneybohnen
- 1 Dose Mais
- 80 g Wasser
- 180 g Frischkäse
- 1 TL Gemüsebrühepulver
- 1 Avocado
- 250 g Kirschtomaten
- 1 TL Salz
- ¼ TL Pfeffer

Zubereitung:

1. Setzen Sie eine Topf mit Salzwasser auf den Herd und kochen Sie die Nudeln nach Packungsanweisung.
2. Schneiden Sie die Zwiebeln und den Knoblauch in feine Würfel und die Paprika in mundgerechte Stücke.
3. Schwitzen Sie die Zwiebeln und den Knoblauch in einem Topf glasig und geben Sie die Paprika hinzu.
4. Löschen Sie es mit dem Wasser ab und geben Sie die Gemüsebrühe, den Mais, die Kidneybohnen und den Frischkäse hinzu und kochen Sie alles einmal kräftig auf.
5. Schmecken Sie die Soße mit Salz, Pfeffer und Chilipulver ab.
6. Sobald die Nudeln fertig sind, mixen Sie die Soße unter und geben Sie die halbierten Kirschtomaten und die gewürfelte Avocado unter.

Snacks

Notizen:_______________________

Notizen:_______________________

Notizen:_______________________

Notizen:_______________________

Notizen:_______________________

Notizen:_______________________

148. Hummus aus weißen Bohnen

KH 81 g | EW 42 g | F 53 g

Zubereitungszeit: 5 Minuten
Portion: ca. 800 g
Schwierigkeitsgrad: leicht

Zutaten:

- 2 Dosen weiße Bohnen, je 400 g
- 2 EL Zitronensaft
- 2 TL Tahin
- 2 EL Olivenöl
- 1 kleine Knoblauchzehe
- 1 Handvoll Cashewkerne
- Salz und Pfeffer

Zubereitung:

1. Legen Sie die Cashewkerne eine Stunde vorher in Wasser ein.
2. Gießen Sie die Bohnen ab und fangen dabei ca. 100 ml Flüssigkeit ab.
3. Pürieren Sie die Bohnen mit dem Zitronensaft, dem Tahin, dem Olivenöl, der Knoblauchzehe, und den Cashewkernen.
4. Schmecken sie alles mit Salz und Pfeffer ab.
5. Füllen Sie nun den Hummus Portionsweise in kleine Gläser und stellen sie diese kalt.

149. Rote-Beete-Hummus

KH 49 g | EW 18 g | F 67 g

Zubereitungszeit: 10 Minuten
Portion: 1
Schwierigkeitsgrad: leicht

Zutaten:

- 50 g Cashewkerne
- ½ Dose Kichererbsen
- 1 Knoblauchzehe
- 250 g Rote Beete, vorgegart
- 3 EL Olivenöl
- Zitronensaft, Salz und Pfeffer

Zubereitung:

1. Rösten Sie die Cashewkerne trocken in einer Pfanne an.
2. Spülen Sie die Kichererbsen kalt ab und lassen Sie die Rote-Beete abtropfen.
3. Schneiden Sie die Rote-Beete und die Knoblauchzehe klein und tun Sie alle Zutaten in einen Behälter zum Pürieren.
4. Zum Schluss noch mit Salz, Pfeffer und Zitronensaft abschmecken.

150. Wraps mit Hummus, Truthahn und Paprika

KH 54 g | EW 14 g | F 16 g

Zubereitungszeit: 15 Minuten
Portionen: 4
Schwierigkeitsgrad: leicht

Zutaten:

- 4 Wraps
- 2 Paprika
- 250 g Hummus
- 1 Avocado
- 2 Salatherzen
- 150 g Truthahnbrust

Zubereitung:

1. Waschen und schneiden Sie die Salatherzen, die Avocado und die Paprika in dünne Streifen.
2. Beschmieren Sie die Wraps mit dem Hummus und legen Sie die Truthahnbrust aus.
3. Verteilen Sie die Paprika, den Salat und die Avocado auf die Wraps und rollen Sie alles auf.

151. Wraps mit Ofengemüse

KH 188 g | EW 45 g | F 9 g

Zubereitungszeit: 20 Minuten vorbereiten, 30-40 Minuten backen
Portionen: 4
Schwierigkeitsgrad: leicht

Zutaten:

- Karotten
- Blumenkohl
- grüner Spargel
- Fenchelknollen
- Olivenöl
- Salz, Pfeffer
- 250 g Hummus
- 4 Wraps
- 4 TL Balsamico-Creme

Zubereitung:

1. Heizen Sie den Backofen auf 180 °C Umluft vor und belegen Sie zwei Backbleche mit Backpapier.
2. Zerkleinern Sie den Blumenkohl so dass Sie nur die Röschen übrig haben.
3. Schälen und halbieren Sie die Karotten längs.
4. Putzen Sie den Spargel und schneiden Sie das untere Drittel weg.
5. Vierteln Sie den Fenchel und entfernen Sie den Strunk sowie die äußeren Schichten.
6. Verteilen Sie alles auf die Backbleche und beträufeln es großzügig mit dem Olivenöl.
7. Nun noch mit Salz und Pfeffer würzen und für ca. 30-40 Minuten im Ofen garen lassen.
8. Bestreichen Sie die Wraps mit dem Hummus und verteilen Sie das abgekühlte Ofengemüse.
9. Geben Sie je einen Teelöffel von dem Balsamico über das Gemüse, würzen es nochmal nach und rollen Sie die Wraps auf.

152. Fruchtiger Hähnchen- Wrap

KH 85 g | EW 23 g | F 22 g

Zubereitungszeit: 15 Minuten
Portionen: 4
Schwierigkeitsgrad: leicht

Zutaten:

- 1 Dose Maisgemüse mit Paprika, 250 ml
- 1 Dose Ananas in Stücken, 234ml
- 3 Lauchzwiebeln
- 1 Römersalat
- 2 Pck. Hähnchenbrust Aufschnitt, 200 g
- 120 g Salatcreme
- 8 Wraps/ Weizentortillas
- 1 EL Olivenöl
- Salz, Pfeffer

Zubereitung:

1. Gießen Sie das Gemüse und die Ananas ab. Fangen Sie dabei den Ananassaft auf.
2. Waschen und putzen Sie die Lauchzwiebeln und schneiden Sie sie in feine Ringe.
3. Waschen und schneiden Sie den Römersalat in mundgerechte Stücke.
4. Schneiden sie die Hähnchenbrust in kleine Würfel.
5. Mischen Sie die Salatcreme mit 2 EL Ananassaft, geben Sie das Öl dazu und schmecken Sie alles mit Salz und Pfeffer ab.
6. Erwärmen Sie die Wraps und beschmieren Sie sie mit der Creme.
7. Verteilen Sie nun die vorbereiteten Zutaten gleichmäßig auf die Wraps und rollen Sie diese auf.

153. Pfannkuchen-Wraps

KH 25 g | EW 19 g | F 34 g

Zubereitungszeit: 30 Minuten
Portionen: 4
Schwierigkeitsgrad: leicht

Zutaten:

- 100 g Mehl
- 2 Eier
- 125ml + 1 EL Milch
- Salz, Pfeffer
- 1 EL mittelscharfer Senf
- 1 EL Apfelsaft
- 1 EL Honig
- 5-6 EL Öl
- 2 Stiele Dill
- 150 g Frischkäse
- ½ Frisée-Salat
- 12 Scheiben geräucherter Lachs
- Öl

Zubereitung:

1. Verrühren Sie das Mehl, die Eier, 125ml Milch und etwas Salz zu einen glatten Teig und lassen Sie ihn 20 Minuten ruhen.
2. Vermengen Sie den Senf, den Apfelsaft und den Honig und schlagen sie anschließend das Öl unter und schmecken Sie alles mit Salz und Pfeffer ab.
3. Waschen und schneiden Sie den Dill fein und geben ihn unter die Senfsauce
4. Rühren Sie den Frischkäse mit 1 EL Milch glatt.
5. Waschen Sie den Salat und schneiden Sie ihn in mundgerechte Stücke.
6. Erhitzen Sie eine Pfanne und braten Sie nacheinander 4 Pfannkuchen. Anschließend die Pfannkuchen auskühlen lassen.
7. Bestreichen Sie die Pfannkuchen mit 1 EL Frischkäse und legen Sie dann je 3 Scheiben Lach und etwas Salat darauf.
8. Träufeln Sie etwas von der Senfsauce drüber und rollen Sie den Pfannkuchen fest ein.

154. Auberginen-Wrap orientalisch

KH 160 g | EW 92 g | F 148 g

Zubereitungszeit: 40 Minuten
Portionen: 4
Schwierigkeitsgrad: leicht

Zutaten:

- 3 Möhren, gerieben
- 2 Lauchzwiebeln
- 3 Stiele Minze und Koriander
- 3 EL Zitronensaft
- Salz, Pfeffer, Kümmel gemahlen
- 6 EL Olivenöl
- 20 g Brunnenkresse oder Babyspinat
- 1 Aubergine
- 225 g Halloumi
- 4 Wraps

Zubereitung:

1. Schneiden Sie die Lauchzwiebeln in feine Ringe und hacken Sie die Kräuter fein.
2. Verrühren Sie den Zitronensaft mit Salz, Pfeffer, dem Öl, den Karotten, den Lauchzwiebeln und den gehackten Kräutern.
3. Waschen und putzen Sie die Brunnenkresse.
4. Schneiden Sie die Aubergine in Scheiben und braten Sie die Scheiben kurz von beiden Seiten braun an. Würzen Sie die Aubergine hinterher mit Salz, Pfeffer und dem Kümmel.
5. Schneiden Sie den Halloumi in Scheiben und braten Sie diesen auch von jeder Seite braun an.
6. Verteilen Sie alle vorbereiteten Zutaten auf die Wraps und rollen Sie diese auf.

155. Power-Wrap

KH 156 g | EW 108 g | F 100 g

Zubereitungszeit: 20 Minuten
Portionen: 4
Schwierigkeitsgrad: leicht

Zutaten:

- 1 Minirömersalat
- 1 Avocado
- 400 g Räucherlachs
- 4 Wraps
- 4E L Salatcreme
- 1 EL Zitronensaft
- Salz, Pfeffer

Zubereitung:

1. Waschen sie den Salat und schneiden Sie ihn in Streifen.
2. Schneiden Sie das ausgelöste Fruchtfleisch der Avocado in Spalten.
3. Den Lachs schneiden Sie in ca. 1-2 cm dicke Streifen.
4. wärmen Sie die Wraps an und beschmieren Sie sie jeweils mit 1 EL Salatcreme.
5. Verteilen Sie nun den Salat, den Lachs und die Avocado gleichmäßig und träufeln Sie den Zitronensaft darüber.
6. Zum Schluss nur noch mit Salz und Pfeffer würzen und aufrollen.

156. Scharfe Mexiko-Wraps

KH 168 g | EW 124 g | F 104 g

Zubereitungszeit: 30 Minuten
Portionen: 4
Schwierigkeitsgrad: leicht

Zutaten:

- 3 EL Öl
- 400 g gemischtes Hackfleisch
- 2 EL Tomatenmark
- 4 Tomaten
- 1 rote Zwiebel
- 2 Knoblauchzehen
- 1 rote Chilischote
- ½ Bund Petersilie
- Salz, Pfeffer
- 1 Dose Mais
- 1 Dose Kidneybohnen
- 6 Wraps
- 100 g Tortillachips

Zubereitung:

1. Braten Sie das Hackfleisch krümelig und mischen Sie das Tomatenmark mit unter.
2. Geben Sie ca. 100 ml Wasser hinzu und lassen Sie alles ca. 4 Minuten köcheln.
3. Vierteln, entkernen und würfeln Sie die Tomaten.
4. Schneiden Sie die Zwiebeln und den Knoblauch in feine kleine Würfel.
5. Entkernen Sie die Chilischote und hacken Sie diese klein. Auch die Petersilie wird fein gehackt.
6. Mischen sie alles mit 1 EL Öl und schmecken Sie es mit Salz und Pfeffer ab.
7. Gießen sie den Mais und die Bohnen ab und geben sie beides zum Hackfleisch. Schmecken Sie auch diese Mischung mit Salz und Pfeffer ab.
8. Erwärmen Sie die Wraps und verteilen Sie die Hackmischung sowie die Tomatenmischung gleichmäßig auf alle.
9. Zerbröseln Sie die Chips und rollen Sie die Wraps auf.

157. Quinoa-Karotten-Bites

KH 290 g | EW 87 g | F 88 g

Zubereitungszeit: 30Minuten
Portionen: 4
Schwierigkeitsgrad: leicht

Zutaten:

- 300 g Quinoa
- 1 EL Gemüsesuppenpulver
- 30 g Butter
- 130 g geraspelte Karotten
- 2 Eier
- 100 g geriebener Käse
- 6-7 EL Semmelbrösel
- 2 TL Bratengewürz
- 2 TL gehackte Petersilie
- Salz, Pfeffer

Zubereitung:

1. Kochen Sie den Quinoa mit der doppelten Menge Wasser und dem Gemüsesuppenpulver auf und lassen Sie den Quinoa bei kleiner Flamme und geschlossenem Deckel weich ziehen.
2. Ist das Kochwasser fast verdampft, geben Sie das Stückchen Butter unter.
3. Lassen sie den Quinoa abkühlen und mischen Sie dann die restlichen Zutaten unter.
4. Schmecken Sie die Masse mit Salz und Pfeffer ab und formen Sie kleine Bällchen.
5. Braten Sie die Bällchen in Öl goldbraun, von allen Seiten an.

158. Börek mit Spinat und Feta

KH 68 g | EW 97 | F 132 g

Zubereitungszeit: 25 Minuten
Portionen: 24 Stück
Schwierigkeitsgrad: mittel

Zutaten:

- 1 Pck. Yufka-Teig
- 200 ml pflanzliche Milch
- 2 EL Öl

- 1 Zwiebel gewürfelt
- 2 Knoblauchzehen gehackt
- 300 g Babyspinat
- 250 g Feta
- 3 EL Pinienkerne
- Salz, Pfeffer

- 75 g Cashewkerne
- 2 EL Sonnenblumenkerne
- 120 ml Tomatenpüree
- 1-2 EL Hefeflocken
- Salz, Pfeffer
- Italienische Kräuter nach Geschmack

Zubereitung:

1. Braten Sie die Zwiebeln in einer Pfanne glasig und fügen Sie dann den Babyspinat und den Knoblauch hinzu.
2. Wenn der Spinat zusammengefallen ist stellen Sie ihn beiseite und lassen ihn auskühlen.
3. Anschließend etwas ausdrücken und kurz durch hacken.
4. Bröseln Sie den Feta unter und schmecken Sie alles mit Salz und Pfeffer ab.
5. Übergießen Sie die Cashew- und Sonnenblumenkerne mit etwas heißem Wasser und lassen Sie sie für 15 Minuten ziehen.
6. Geben Sie die Kerne, das Tomatenpüree, die Hefeflocken und die Kräuter in ein Gefäß und pürieren sie alles. Mit Salz und Pfeffer abschmecken.
7. Heizen Sie den Ofen auf 180 °C vor und belegen Sie 2 Backbleche mit Backpapier.
8. Breiten Sie nun die Yufka-Teigteile aus und bestreichen Sie diese mit der Öl-Milchmischung.
9. Verteilen Sie nun die beiden Füllungen auf die Teigteile und rollen Sie den Teig auf.
10. Legen Sie die Rollen auf die Backbleche und bestreichen Sie sie nochmals mit der Milchmischung. Backen Sie die Börek 15 Minuten bis sie schön braun werden.

159. BBQ Jackfrucht Pulled Pork

KH 454 g | EW 41 g | F 38 g

Zubereitungszeit: 20 Minuten
Portionen: 4
Schwierigkeitsgrad: leicht

Zutaten:

- 2 Dosen Jackfrucht in Salzlake
- 2 EL Olivenöl
- 1 mittelgroße Zwiebel
- 2 Knoblauchzehen
- 1 Jalapeño
- 1 TL Paprikapulver
- 2 TL gemahlener Kreuzkümmel
- 1 TL Oregano
- 1TL Koriander
- 200 ml Barbecue Sauce
- 4 Burgerbrötchen oder Tortillas
- Salat und Gemüse nach Wunsch

Zubereitung:

1. Lassen sie die Jackfrucht abtropfen und tupfen Sie sie etwas trocken. Anschließend zerrupfen Sie die Jackfrucht mit 2 Gabeln.
2. Geben Sie die Gewürze und das Öl dazu, vermischen alles und lassen es mindestens 5 Minuten ziehen.
3. Schneiden Sie die Zwiebel, den Knoblauch und die Jalapeño klein und schwitzen Sie alles in einer Pfanne kurz an bis es gut duftet.
4. Geben Sie dann die Jackfrucht hinzu und braten Sie alles bis die Frucht knusprig wird.
5. Nun geben Sie die Barbecue Sauce dazu und rühren alles gut um.
6. Lassen Sie alles zugedeckt ca. 10 Minuten kochen. Falls es zu fest wird etwas Wasser schafft Abhilfe.

160. Tofu Nuggets

KH 307 g | EW 86 g | F 53

Zubereitungszeit: 40 Minuten
Portionen: 4
Schwierigkeitsgrad: leicht

Zutaten:

- 400 g fester Tofu
- 250 g Panko Paniermehl
- 3 EL Olivenöl
- 1 TL Paprikapulver
- 1 TL Salz
- ½ TL Pfeffer
- 150 g Maisstärke
- 120 ml pflanzliche Milch

Zubereitung:

1. Schneiden Sie den Tofu in 5-6 Scheiben und drücken Sie ihn in Küchenkrepp gehüllt über Nacht aus.
2. Schneiden Sie die Tofuscheiben anschließend in Stäbchen.
3. Heizen Sie den Backofen auf 200 °C Umluft vor und belegen Sie ein Backblech mit Backpapier.
4. Nehmen Sie 3 flache Schüssel und füllen Sie in die Erste die Maisstärke, in die Zweite die pflanzliche Milch und in die Dritte das Panko Paniermehl und die Gewürze.
5. Wälzen Sie die Tofustäbe als erstes im Maismehl, dann in der Milch und dann wiederholen Sie das noch einmal.
6. Anschließend kommen die Stäbe in das Paniermehl und dann direkt auf das Backblech legen.
7. Backen Sie die Nuggets nun 20 Minuten, drehen sie sie um und backen Sie die Nuggets noch mal 15 Minuten.

Bowls und Salate zum Abnehmen

Notizen:______________________

Notizen:______________________

Notizen:______________________

Notizen:______________________

Notizen:______________________

Notizen:______________________

161. Müsli mit Obst und Joghurt

KH 25 g | EW 9 g | F 11 g

Zubereitungszeit: 10 Minuten
Portion: 1
Schwierigkeitsgrad: leicht

Zutaten:

- 10 g Knuspermüsli
- 20 g Haferflocken
- ½ TL Chiasamen
- 1TL Kokosraspeln
- 1 TL Sonnenblumenkerne
- 1 Prise Vanillepulver
- 100 g Joghurt
- Erdbeeren
- Blaubeeren

Zubereitung:

1. Mischen Sie alle trockenen Zutaten in einem Glas oder Behälter Ihrer Wahl.
2. Geben Sie den Joghurt oben drauf und dann die Beerenfrüchte oder anderes Obst.
3. Entweder direkt verzehren oder über Nacht in den Kühlschrank.
4. Vor dem Essen verrühren Sie alles gut.

162. Eiweiß-Müsli

KH 36 g | EW 30 g | F 46 g

Zubereitungszeit: 10 Minuten
Portionen: 1
Schwierigkeitsgrad: leicht

Zutaten:

- 125 g Magerquark
- 120 ml Mandelmilch oder Kokosdrink
- 1-2 EL Leinöl
- 1 Spritzer Zitronensaft
- 1 EL geschrotete Leinsamen
- 1 EL gehackte Mandeln
- 3 EL Haferflocken
- 1-2 verschiedene Obstsorten

Zubereitung:

1. Vermischen Sie die trockenen Zutaten und füllen Sie die in ein Glas oder einen anderen Behälter.
2. Vermischen Sie den Quark, die Mandelmilch, das Leinöl und den Zitronensaft und geben Sie es zu den trockenen Zutaten.
3. Rühren Sie alles gut durch und geben Sie ihr Obst nach Wahl oben auf.
4. Stellen sie alles über Nacht in den Kühlschrank.

163. Zucchini Taler

KH 8 g | EW 48 g | F 53 g

Zubereitungszeit: 30 Minuten
Portionen: 12 Stück
Schwierigkeitsgrad: leicht

Zutaten:

- 300 g Zucchini
- 1 EL Salz
- 30 g Mandelmehl
- 100 g Bergkäse
- 1 Ei
- Pfeffer

Zubereitung:

1. Heizen Sie den Backofen auf 200 °C Ober-/ Unterhitze vor und belegen Sie ein Backblech mit Backpapier.
2. Hobeln Sie die Zucchini fein in Scheiben und vermengen Sie diese Scheiben dann mit dem Salz und lassen sie mindestens 5 Minuten abtropfen.
3. Reiben Sie den Käse.
4. Vermengen Sie nun die Zucchini, den Käse, das Ei, das Mandelmehl und etwas Pfeffer.
5. Legen Sie nun 12 gleichmäßige Portionen auf das Backblech und backen Sie die Taler für 25 Minuten.
6. Abgekühlt mit einem Dip Ihrer Wahl servieren.

164. Couscous- Salat mit Minze

KH 79 g | EW 31 g | F 37 g

Zubereitungszeit: 10 Minuten
Portionen: 4
Schwierigkeitsgrad: leicht

Zutaten:

- 150 g Couscous
- 225ml Brühe
- 50 ml Zitronensaft
- 150 g Gurke
- 300 g Tomaten
- 75 g Frühlingszwiebeln
- 100 g Feta
- 1 EL gehackte Minze
- 1 EL gehackte Petersilie
- Olivenöl
- Salz, Pfeffer

Zubereitung:

1. Geben Sie die heiße Gemüsebrühe über den Couscous, vermengen Sie beides gut und lassen Sie den Couscous für 5-10 Minuten quellen.
2. Schneiden Sie die Gurke, die Tomaten und den Feta in kleine Würfel und die Frühlingszwiebeln in feine Ringe.
3. Hacken Sie die Kräuter und mischen Sie anschließend alle Zutaten unter den Couscous.
4. Geben Sie das Olivenöl und den Zitronensaft hinzu und schmecken Sie alles mit Salz und Pfeffer ab.

165. Selbstgemachte Fruchtschnitten

KH 120 g | EW 16 g | F 39 g

Zubereitungszeit: 5 Minuten
Portionen: 1
Schwierigkeitsgrad: leicht

Zutaten:

- 100 g Medjool Datteln
- 100 g getrocknete Aprikosen
- 60 g Nüsse
- Oblaten

Zubereitung:

1. Entsteinen Sie die Datteln und geben Sie die Datteln, die Aprikosen und die Nüsse in einen Mixer.
2. Mixen sie alles so lange bis eine homogene Masse entsteht.
3. Formen Sie mit nassen Händen kleine Kugeln aus der Masse und legen Sie diese anschließend zwischen zwei runde Oblaten, dann können Sie die Fruchtschnitten besser lagern und Sie kleben nicht zusammen.

166. Brokkolibratlinge mit Gurkensalat

KH 86 g | EW 54 g | F 32 g

Zubereitungszeit: 20 Minuten
Portionen: 8- 10 Stück
Schwierigkeitsgrad: leicht

Zutaten:

- 1kg Brokkoli
- 3 Frühlingszwiebeln
- 1 Ei
- 3 EL Paniermehl
- 50 ml Zitronensaft
- 1 EL Parmesan
- Salz, Pfeffer

- 1 Gurke
- 1 Zwiebel
- 2-3 EL Essig
- 1 EL Olivenöl
- 1 Prise Zucker
- Salz
- etwas Feta

- 3 EL Joghurt
- Kräuter nach Wahl
- etwas Zitronensaft
- Salz, Pfeffer

Zubereitung:

1. Kochen Sie den Brokkoli kurz und drücken Sie hinterher das Wasser richtig fest aus.
2. Geben Sie den Brokkoli, das Ei, die grob geschnittenen Frühlingszwiebeln, den Zitronensaft, Salz und Pfeffer in ein Gefäß und pürieren Sie alles mit einem Stabmixer.
3. Mischen Sie anschließend das Paniermehl unter und formen Sie kleine Bratlinge.
4. Braten Sie diese gut von beiden Seiten an.
5. Halbieren Sie die Gurke und löffeln Sie das Kerngehäuse heraus.
6. Schneiden Sie die Gurke und die Zwiebel in feine Scheiben und geben Sie beides zusammen mit dem Essig, dem Öl, dem Salz und dem Zucker in eine Schüssel.
7. Kneten Sie alles gut durch und lassen Sie den Gurkensalat ziehen. Kurz vor dem Servieren den Feta drüber bröseln.
8. Für den Dip vermengen Sie den Joghurt mit den Kräutern, geben einen Spritzer Zitronensaft unter und schmecken alles mit Salz und Pfeffer ab.

167. Pasta Bowl mit Burrata

KH 422 g | EW 134 g | F 122 g

Zubereitungszeit: 30 Minuten
Portionen: 4
Schwierigkeitsgrad: leicht

Zutaten:

- 500 g Penne
- 4 Burrata
- 300 g Kirschtomaten
- 2 Zucchini
- 2 rote Spitzpaprika
- 24 ml Basilikumpaste
- 2 Knoblauchzehen
- 40 g geriebener Parmesan
- 24ml Balsamico Creme
- 40 g Cashewkerne
- 10 g Basilikum

Zubereitung:

1. Schneiden Sie die Zucchini in Scheiben und die Paprika in mundgerechte Stücke.
2. Verteilen Sie beides auf einem mit Backpapier belegten Backblech und würzen Sie das Gemüse mit 2 EL Öl, Salz und Pfeffer.
3. Legen Sie den Knoblauch mit aufs Blech und backen Sie alles bei 180 °C 10-15 Minuten
4. Setzen Sie einen großen Topf mit Salzwasser auf den Herd und kochen Sie die Penne nach Packungsanweisung.
5. In der Zeit halbieren Sie die Kirschtomaten und zupfen Sie die kleinen Basilikumblätter ab.
6. Geben Sie beides mit 2 EL Öl, 2 TL Essig und einer Prise Zucker in eine Schüssel zum marinieren.
7. Holen Sie den Knoblauch aus den Ofen und schälen Sie ihn.
8. Geben Sie nun den Knoblauch, den restlichen Basilikum, mit Stielen, den Parmesan und die Cashewkerne in einen Mixer und mixen Sie alles zu einem Pesto.
9. Rühren Sie die Basilikumpaste unter und geben Sie noch 60 ml Wasser, Salz und Pfeffer dazu und mixen Sie nochmals alles einmal durch.
10. Geben Sie das Ofengemüse in eine große Schüssel und rühren Sie die Balsamico Creme unter.
11. Verrühren Sie die fertigen und abgegossenen Nudeln mit der Hälfte des Pestos.
12. Verteilen Sie die Nudeln und geben Sie das Ofengemüse, den Burrata und die Tomaten dazu.
13. Geben Sie das restliche Pesto extra falls jemand mehr benötigt.

168. Green Bowl

KH 154 g | EW 58 g | F 125 g

Zubereitungszeit: 20 Minuten
Portionen: 2
Schwierigkeitsgrad: leicht

Zutaten:

- 125 g Naturreis
- 1 Frühlingszwiebel
- 75 g Brokkoli
- 1 Avocado
- 2 Eier
- 150 g Shiitakepilze
- 6 Stangen grünen Spargel
- 4 EL Sonnenblumenkerne
- 1 TL Zitronenabrieb
- 75ml Zitronensaft
- 4 EL Öl
- 50 g Frischkäse
- 2 EL weißer Balsamico Essig
- Salz, Pfeffer
- 0,5 TL Honig
- 3 EL Grillgewürz

Zubereitung:

1. Kochen Sie den Reis nach Packungsanweisung und die Eier 7 Minuten.
2. Rösten Sie die Sonnenblumenkerne ohne Fett in einer Pfanne.
3. Mischen Sie den Zitronensaft mit dem Essig, dem Olivenöl, dem Salz, etwas Pfeffer, 1 EL Grillgewürz und dem Honig zu einer Vinaigrette.
4. Schneiden Sie die Frühlingszwiebel in kleine Ringe und den Brokkoli in Röschen teilen.
5. Holen Sie das Fruchtfleisch aus der Avocado und schneiden Sie es in Scheiben und beträufeln es mit dem Zitronensaft.
6. Schneiden Sie die enden vom Spargel ab und dritteln Sie ihn.
7. Erhitzen Sie eine Pfanne und braten Sie den Spargel und die Pilze scharf an. Würzen Sie hinterher mit Salz und Pfeffer.
8. Kochen Sie den Brokkoli in Salzwasser gar.
9. Schichten Sie die Zutaten in einem Behälter und füllen Sie die Vinaigrette separat ab.
10. Oder marinieren Sie den Reis, richten das Gemüse darauf an, übergießen Sie es mit der Vinaigrette, geben Sie das Ei dazu sowie die Sonnenblumenkerne, den Frischkäse und den Zitronenabrieb.

169. Pasta-Gemüse Salat

KH 231 g | EW 63 g | F 99 g

Zubereitungszeit: 20 Minuten
Portionen: 2
Schwierigkeitsgrad: leicht

Zutaten:

- 250 g Nudeln
- 1 Frühlingszwiebel
- 1-2 Karotten
- 200 g Brokkoli
- 150 g Radicchio
- 2 EL Mandelblättchen
- 2 EL Rosinen
- 3 EL Mandelmus
- 1 Limette
- 3EL weißer Balsamico
- 3 EL Olivenöl
- 2 EL Sojasauce
- Ingwer
- 1 EL Honig
- Salz und Pfeffer

Zubereitung:

1. Kochen Sie die Nudeln nach Packungsanweisung.
2. Blanchieren Sie die Brokkoliröschen kurz in heißem Wasser und rösten Sie die Mandelblättchen in einer Pfanne ohne Fett.
3. Schneiden Sie die Karotte in dünne Scheiben, die Frühlingszwiebel in feine Ringe und den Radicchio in feine Streifen.
4. Vermischen Sie für das Dressing das Mandelmus, etwas Ingwer, den Limettensaft, den Balsamico, die Sojasauce, den Honig, Salz, Pfeffer und das Olivenöl.
5. Geben Sie nun alle Zutaten in eine Schüssel und vermengen Sie diese.
6. Das Dressing kommt erst zum Schluss drüber.

170. Bowl mit Lachs, Garnelen und Spinat

KH 35 g | EW 106 g | F 63 g

Zubereitungszeit: 30 Minuten
Portionen: 2
Schwierigkeitsgrad: leicht

Zutaten:

- 125 g Lachsfilet
- 300 g Garnelen
- 1 Knoblauchzehe
- 1-2 TL Salz
- Pfeffer
- 1 TL getrockneten Rosmarin
- ½ Bund Petersilie
- 1 EL Butter
- 1 Zitrone
- 450 g Rahmspinat
- Gemüsebrühe
- ½ Gurke
- 1 EL Sonnenblumenkerne

Zubereitung:

1. Heizen Sie den Ofen auf 200 °C Ober-/ Unterhitze vor.
2. Legen Sie die entdarmten Garnelen und den Lachs in eine Auflaufform.
3. Fügen Sie die Knoblauchzehe, Rosmarin, Petersilie, Zitronensaft, Salz und Pfeffer sowie die Butter hinzu.
4. Garen Sie alles für 20 Minuten im Ofen.
5. Schälen Sie die Gurke und schneiden Sie diese dann in Scheiben.
6. Bringen Sie den Rahmspinat zum Kochen und schmecken sie ihn mit Gemüsebrühe ab
7. Sobald der Fisch fertig ist geben Sie alles in eine Schüssel.

171. Taco Bowl

KH 128 g | EW 76 g | F 42 g

Zubereitungszeit: 25 Minuten
Portionen: 2
Schwierigkeitsgrad: leicht

Zutaten:

- 140 g brauner Reis
- 1 TL Olivenöl
- 250 g Rinderhackfleisch
- Taco-Gewürz
- 100 g schwarze Bohnen
- 100 g Mais
- 2 Roma Tomaten

Zubereitung:

1. Kochen Sie den Reis nach Packungsanweisung.
2. Braten Sie das Hackfleisch heiß an und geben Sie das Taco-Gewürz dazu.
3. Lassen sie die Bohnen und den Mais abtropfen und schneiden Sie die Tomaten klein
4. Richten Sie alles in einer Schüssel/ Bowl an oder zum Mitnehmen in einer Brotdose.

172. Bulgur Bowl

KH 88 g | EW 36 g | F 34 g

Zubereitungszeit:
Portionen: 2
Schwierigkeitsgrad: leicht

Zutaten:

- 100 g Bulgur
- 10 g Dill
- 10 Petersilie
- 80 g Kirschtomaten
- 70 g Joghurt
- 2 Eier
- 30 g Feta
- 20 g ganze Haselnusskerne
- 130 g gekochte Rote Beete
- 0,5 Zitrone
- Knoblauch, Olivenöl, Salz, Pfeffer

Zubereitung:

1. Kochen Sie den Bulgur nach Packungsanweisung und die Eier ca. 7 Minuten.
2. Geben Sie die Rote Beete, den Joghurt, etwas Knoblauch, Salz, Pfeffer und den Saft der halben Zitrone in einen Mixer und mixen Sie alles zu einer homogenen Masse.
3. Hacken Sie die Kräuter sowie die Haselnüsse grob durch und vierteln Sie die Tomaten.
4. Wenn der Bulgur fertig ist, geben Sie ihn zusammen mit den Kräutern, etwas Öl, den Tomaten, den Haselnüssen und dem zerbröselten Feta in eine Schüssel und mischen Sie alles. Würzen Sie gut mit Salz und Pfeffer.
5. Verteilen Sie die Rote Beete-Sauce auf einen Teller, geben Sie den Bulgursalat oben drauf und dann das Ei.

173. Rainbow Bowl mit Kichererbsen

KH 100 g | EW 28 g | F 24 g

Zubereitungszeit: 20 Minuten
Portionen: 1
Schwierigkeitsgrad: leicht

Zutaten:

- 100 g Bulgur
- ½ Avocado
- 2 kleine Champignons
- 1 Karotte
- ½ Paprika
- 1 kleine Zwiebel
- 1 Tomate
- 3 EL Kichererbsen aus der Dose
- ¼ Salatgurke
- ¼ Packung Feta
- 2 Frühlingszwiebeln
- 4 EL Tomatenmark
- Salz, Pfeffer, Balsamico, Olivenöl, Zitronensaft

Zubereitung:

1. Bereiten Sie den Bulgur nach Packungsanweisung zu.
2. Währenddessen schneiden Sie die Pilze und die Zwiebel und braten Sie beides in einer Pfanne an und löschen Sie diese dann mit Balsamico ab.
3. Schneiden Sie die Paprika in Streifen, die Tomate und die Frühlingszwiebel in Scheiben, die Gurke in Würfel und die Karotte wird geraspelt.
4. Entkernen Sie die Avocado und schneiden Sie das Fruchtfleisch in Scheiben.
5. Sobald der Bulgur fertig ist mischen Sie das Tomatenmark, etwas Olivenöl und die geschnittenen Frühlingszwiebeln unter.
6. Schmecken Sie alles mit Salz, Pfeffer und Zitronensaft ab.
7. Geben Sie den Bulgur in eine Schüssel und richten Sie die vorbereiteten Zutaten darauf an.

Pizza und Fladenbrot

Notizen:______________________

Notizen:______________________

Notizen:______________________

Notizen:______________________

Notizen:______________________

Notizen:______________________

174. Fladenbrot-Pizza

KH 641 g | EW 163 g | F 134 g

Zubereitungszeit: 20 Minuten
Portionen: 4
Schwierigkeitsgrad: leicht

Zutaten:

- 6 kleine flache Fladenbrote
- 300 g grünes Pesto
- 400 g getrocknete Tomaten
- 400 g Artischockenherzen (Glas)
- 150 g Ziegenkäse oder Feta
- 40 g Pinienkerne
- 150 g Babyspinat
- Olivenöl

Zubereitung:

1. Heizen Sie den Ofen auf 200 °C Ober-/ Unterhitze vor.
2. Waschen Sie den Spinat und schleudern Sie ihn etwas trocken.
3. Schneiden Sie die Tomaten und den Ziegenkäse in kleine Stücke.
4. Beschmieren Sie die Fladenbrote mit dem Pesto und belegen Sie sie anschließend mit den Tomaten, den Artischockenherzen und dem Ziegenkäse.
5. Schieben Sie die Fladenbrote für ca. 10 Minuten in den Ofen.
6. Während Sie warten, rösten Sie die Pinienkerne in einer Pfanne trocken an.
7. Zum Schluss wenn die Pizzen fertig sind, belegen Sie sie mit dem Spinat, streuen Sie ein paar Pinienkerne drüber und dann noch etwas mit Olivenöl beträufeln.

175. Zucchini-Pizza

KH 510 g | EW 104 g | F 54 g

Zubereitungszeit: 45 Minuten
Portionen: 2
Schwierigkeitsgrad: leicht

Zutaten:

- 2 Knoblauchzehen
- 1 rote Zwiebel
- 120 g passierte Tomaten
- 250 g Kirschtomaten
- 3 Fladenbrote
- 2 Zucchini
- 100 g Feta
- frischer Basilikum
- 70 g Babyspinat
- 1 EL Öl
- 1 EL Zucker
- Salz, Pfeffer

Zubereitung:

1. Heizen Sie den Backofen auf 200 °C vor.
2. Schälen Sie Zwiebel und Knoblauch und schneiden Sie beides in feine Würfel.
3. Halbieren Sie die Kirschtomaten.
4. Dünsten Sie die Zwiebeln und den Knoblauch glasig. Geben Sie die passierten Tomaten, die Hälfte der Kirschtomaten und 3 EL Wasser hinzu.
5. Schmecken Sie alles mit Zucker, Salz und Pfeffer ab.
6. Waschen Sie den Spinat und schleudern Sie ihn trocken.
7. Schneiden Sie die Zucchini in lange dünne Streifen, am besten mit einem Schälmesser.
8. Beschmieren Sie nun die Fladenbrote mit der Tomatensauce und verteilen Sie die restlichen Zutaten gleichmäßig.
9. Legen sie die fertig belegten Fladenbrote auf ein Backblech und backen Sie sie für ca. 10-12 Minuten.

176. Hackfleischpizza

KH 523 g | EW 241 g | F 196 g

Zubereitungszeit: 40 Minuten
Portionen: 4
Schwierigkeitsgrad: leicht

Zutaten:

- 6 Fladenbrote
- 600 g Hackfleisch (Lamm)
- 160 g pürierte Tomaten
- 2 Bund Petersilie
- 2 Bund Minze
- 2 große Tomaten
- 2 Zitronen
- 200 g Feta
- 4 EL Olivenöl
- 2 rote Zwiebeln
- 1 EL Kreuzkümmel
- 1 EL Paprikapulver

Zubereitung:

1. Heizen Sie den Backofen auf 200 °C vor.
2. Schneiden Sie die Zwiebeln in kleine Würfel.
3. Dünsten Sie die Zwiebeln in einer Pfanne glasig und geben sie den Kümmel, das Paprikapulver und zum Schluss das Hackfleisch hinzu.
4. Würzen Sie alles mit Salz und Pfeffer.
5. Verteilen Sie die Fladenbrote auf den Backblechen und bestreichen Sie sie mit den pürierten Tomaten.
6. Verteilen Sie nun das Hackfleisch gleichmäßig auf allen Fladenbroten und stellen Sie die Bleche für 6-8 Minuten in den Backofen.
7. Während die Pizzen im Ofen backen, hacken Sie die Petersilie und die Minze klein, würfeln die Tomaten und drücken die Zitronensaft aus den Zitronen.
8. Vermischen Sie alles mit dem Olivenöl.
9. Sind die Pizzen fertig, verteilen Sie den Kräutermix auf ihnen und zerbröseln den Feta gleichmäßig.

177. American Pizza

KH 389 g | EW 156 g | F 96 g

Zubereitungszeit: 50 Minuten
Portionen: 2 Pizzen ca. 30cm Durchmesser
Schwierigkeitsgrad: leicht

Zutaten:

- 250 g Hähnchenbrustfilet, gegart
- 150 g Gouda, gerieben
- 100 g Crème fraîche
- 1 Dose Mais 140 g
- 1 rote Zwiebel
- 1 TL Grillsauce
- ½ TL Currypulver
- Salz, Pfeffer

Zubereitung:

1. Heizen Sie den Backofen auf 250 °C Ober-/ Unterhitze vor.
2. Vermengen Sie das Crème fraîche, das Currypulver und der Grillsauce. Schmecken Sie alles noch mit Salz und Pfeffer ab.
3. Schneiden Sie die Hähnchenbrust und die Zwiebeln in Würfel.
4. Gießen Sie den Mais ab.
5. Ziehen Sie die Teiglinge in Form, am besten direkt auf dem Backblech.
6. Beschmieren sie jetzt den Pizzaboden mit der Frischkäsecreme und verteilen Sie den gerieben Käse.
7. Verteilen Sie nun den Mais, die Zwiebeln und die Hähnchenbrust auf den Pizzen.
8. Backen Sie die Pizzen für ca. 15-20 Minuten

178. Maispizza

KH 68 g | EW 99 g | F 115 g

Zubereitungszeit: 30 Minuten
Portionen: 4
Schwierigkeitsgrad: leicht

Zutaten:

- 250 g Polenta
- 200 ml Tomatensauce
- 150 g Champions
- 150 g Schinken
- 300 g Mozzarella
- 10 Kirschtomaten
- Salz, Pfeffer, italienische Kräutermix

Zubereitung:

1. Heizen Sie den Backofen auf 250 °C vor und belegen Sie eine Backbleche mit Backpapier.
2. Kochen Sie die Polenta wie auf der Packung angegeben. Streichen Sie diese anschließend ca. 1cm Dick auf das Backblech auf.
3. Bestreichen Sie die Polenta mit der Tomatensauce.
4. Schneiden Sie die Champions, den Schicken, den Mozzarella und die Tomaten in Würfel und belegen sie damit die Maispizza.
5. Backen Sie die Pizza für 15 Minuten auf der untersten Schiene ihres Backofens.

179. Flammkuchen mit Birne und Rucola

KH 315 g | EW 89 g | F 123 g

Zubereitungszeit: 30 Minuten
Portionen: 2
Schwierigkeitsgrad: leicht

Zutaten:

- 1 fertiger Flammkuchenteig
- 75 g Kräuterfrischkäse
- 1 rote Zwiebel
- 100 g geriebener Mozzarella
- 1 Knoblauchzehe
- 1 Birne
- 1 EL Butter
- 50 g Rucola
- 1 Tomate
- 4 TL Zucker
- 2 TL milder Essig
- 2 EL Olivenöl
- Salz, Pfeffer

Zubereitung:

1. Heizen Sie den Backofen auf 220 °C Ober-/ Unterhitze vor und belegen sie ein Backblech mit Backpapier.
2. Schneiden Sie die Zwiebeln und den Knoblauch klein.
3. Schälen und entkernen Sie die Birne und schneiden Sie sie in Spalten.
4. Karamellisieren Sie 3 TL Zucker in einer Pfanne, fügen Sie dann die Butter und die Birnen hinzu. Schwenken Sie alles gut durch und stellen Sie die Pfanne zur Seite.
5. Waschen Sie den Salat und die Tomaten.
6. Schneiden Sie die Tomaten in Würfel und vermengen Sie sie mit dem Salat.
7. Rollen Sie den Flammkuchenteig auf dem Blech aus und bestreichen Sie ihn mit dem Frischkäse.
8. Verteilen Sie die Zwiebeln, den Mozzarella und den Knoblauch gleichmäßig und würzen Sie alles mit Salz, Pfeffer und Zucker
9. Nun Backen sie den Flammkuchen wie auf der Packung beschrieben.
10. Vermengen Sie den Essig, das Öl, Salz und Pfeffer und geben Sie das Dressing über den Salat.
11. Ist der Flammkuchen fertig gebacken, schneiden Sie ihn in Stücke und servieren Sie ihn Mit Salat und Birnenspalten.

180. Zucchini- Flammkuchen

KH 259 g | EW 96 g | F 92 g

Zubereitungszeit: 45 Minuten
Portionen: 2
Schwierigkeitsgrad: leicht

Zutaten:

- 1 fertigen Flammkuchenteig
- 1 grüne Zucchini
- 1 gelbe Zucchini
- 115 g geriebener Mozzarella
- 30 g Kürbiskerne
- 1 EL Olivenöl
- 60 g grünes Pesto
- 50 g Petersilie
- Salz, Pfeffer

Zubereiten:

1. Heizen Sie den Backofen auf 220 °C vor und belegen Sie ein Backblech mit einem Backpapier.
2. Legen Sie den Teig darauf und lassen Sie ihn ca. 15 Minuten backen.
3. In dieser Zeit schneiden Sie die Zucchini und den Mozzarella in dünne halbe Scheiben.
4. Holen Sie den fertig gebackenen Teig aus dem Ofen und beschmieren Sie ihn mit dem Pesto.
5. Verteilen Sie die Zucchini und den Mozzarella auf dem Flammkuchen und würzen Sie alles mit Salz und Pfeffer.
6. Nun noch das Olivenöl überträufeln und nochmals 7-10 Minuten backen.
7. Waschen und hacken Sie in dieser Zeit die Petersilie und streuen Sie nun die Kürbiskerne und die gehackte Petersilie über den Fertigen Flammkuchen.

Schlusswort

„Der Kühlschrankbefüller“ damit ist die landwirtschaftliche Produktion gemeint, diejenige Bevölkerungsgruppe, die sowohl im pflanzlichen als auch im tierischen Bereich für unsere Ernährung sorgt. Sie und ich als Konsument haben dabei die Möglichkeit über unser Einkaufverhalten darüber zu entscheiden, ob Sie Massenprodukte aus der Massentierhaltung oder aus den Monokulturen auf Ihren Tisch servieren. Die Entwicklung der letzten Jahrzehnte hat dabei einen Weg zu immer größeren Einheiten in der Produktion eingeschlagen und die kleinbäuerliche Produktion verdrängt. Mit ein Grund dafür ist die Entwicklung des Lebensmitteleinzelhandels vom „Tante Emmaladen“ zu Discountern, um es uns Konsumenten einfacher zu machen in einem Laden alles zu bekommen und nicht in mehreren kleine Läden einzukehren. Die Zusammenlegung von kleinen Betrieben zu größeren oder sogar Genossenschaften in der Landwirtschaft, die dadurch resultierende technische Entwicklung in der Produktion, Flächennutzung und Tierhaltung und in den folgenden Schritten der Verarbeitung und Logistik bis schließlich des Handels. Die Akzeptanz und Bequemlichkeit der Konsumenten nur einen Markt zum Einkaufen besuchen zu müssen und dabei eine große Auswahl an Produktvariationen in genügenden Mengen im Regal vorzufinden, hat diese Entwicklung nicht unerheblich unterstützt. Wenn Sie fortan Ihren Einkauf planen ziehen Sie auch Einzelhändler: Kolonialwarenhändler, „Tante Emmaläden“ und dem Wochenmarkt vor. Lebensmittel sollten möglichst wenig verpackt sein und auch wenige Verarbeitungsschritte hinter sich haben. Mittlerweile gibt es auch wieder Läden in denen sich mitgebrachte Behältnisse auffüllen lassen. Damit ist ein Schritt gegen die Einwegwegwerfgesellschaft vollbracht. Es werden dadurch auch die kleinen Einzelhändler unterstützt, die Direktvermarkter, die wiederum auch von kleineren Kühlschrankbefüllern beliefert werden. Helfen Sie mit unserer Gesellschaft nicht noch weiter in die Industrialisierung zu geraten, denn der Prozess der Zusammenlegung und Optimierung in den Bereichen bevor wir als Konsumenten es kaufen ist noch lang nicht abgeschlossen. Kaufen Sie bewusst und frische Lebensmittel.

Mein Rezept:________________

___KH g | ___EW g | ___F g

Zubereitungszeit: ___ min
Portionen: ___
Schwierigkeit: ________

Zutaten

- Zutat 1:____________
- Zutat 2:____________
- Zutat 3:____________
- Zutat 4:____________
- Zutat 5:____________
- Zutat 6:____________
- Zutat 7:____________
- Zutat 8:____________
- Zutat 9:____________
- Zutat 10:____________
- Zutat 11:____________

Zubereitung

1) ____
2) ____
3) ____
4) ____
5) ____
6) ____
7) ____
8) ____
9) ____
10) ____

Mein Rezept:________________

___KH g | ___EW g | ___F g

Zubereitungszeit: ___ **min**
Portionen: ___
Schwierigkeit: ________

Zutaten

- Zutat 1:____________
- Zutat 2:____________
- Zutat 3:____________
- Zutat 4:____________
- Zutat 5:____________
- Zutat 6:____________
- Zutat 7:____________
- Zutat 8:____________
- Zutat 9:____________
- Zutat 10:____________
- Zutat 11:____________

Zubereitung

1) ____
2) ____
3) ____
4) ____
5) ____
6) ____
7) ____
8) ____
9) ____
10) ____

Mein Rezept:_______________

___KH g | ___EW g | ___F g

Zubereitungszeit: ___ min
Portionen: ___
Schwierigkeit: ________

Zutaten

- Zutat 1:____________
- Zutat 2:____________
- Zutat 3:____________
- Zutat 4:____________
- Zutat 5:____________
- Zutat 6:____________
- Zutat 7:____________
- Zutat 8:____________
- Zutat 9:____________
- Zutat 10:____________
- Zutat 11:____________

Zubereitung

1) ____
2) ____
3) ____
4) ____
5) ____
6) ____
7) ____
8) ____
9) ____
10) ____

Einfacher Wochenplan 1

Samstag: einkaufen

Mittags:		
Abends:		
Snacks:		

Sonntag: vorbereiten

Mittags:		
Abends:		
Snacks:		

Montag: genießen

Mittags:		
Abends:		
Snacks:		

Dienstag: genießen

Mittags:		
Abends:		
Snacks:		

Mittwoch: genießen

Mittags:		
Abends:		
Snacks:		

Donnerstag: genießen

Mittags:		
Abends:		
Snacks:		

Freitag: genießen

Mittags:		
Abends:		
Snacks:		

Einkaufsplan:

Notizen:

Einfacher Wochenplan 2

Samstag: einkaufen

Mama:		
Papa:		
Kind:		
Kind:		

Sonntag: vorbereiten

Mama:		
Papa:		
Kind:		
Kind:		

Montag: genießen

Mama:		
Papa:		
Kind:		
Kind:		

Dienstag: genießen

Mama:		
Papa:		
Kind:		
Kind:		

Mittwoch: genießen

Mama:		
Papa:		
Kind:		
Kind:		

Donnerstag: genießen

Mama:		
Papa:		
Kind:		
Kind:		

Freitag: genießen

Mama:		
Papa:		
Kind:		
Kind:		

Einkaufsplan:

Notizen:

Rechtliches

Impressum:

Felix Heilemann wird vertreten durch

Hergen Oltmanns
Vitusstraße 12a
26169 Friesoythe
Deutschland

Coverbilder:
Bild 1: https://de.depositphotos.com/stock-photos/depositphotos-202112316-stock-photo-healthy-meal-prep-containers-grilled.html?filter=all

Printed in Poland
by Amazon Fulfillment
Poland Sp. z o.o., Wrocław

63569452R00125